C.H.BECK WISSEN
in der Beck'schen Reihe
2069

Man kann wohl sagen, daß die Relativitätstheorie zum großartigen Gedankengebäude Maxwells und Lorentz' eine Art Abschluß geliefert hat, indem sie versucht, die Feldphysik auf alle Erscheinungen, die Gravitation eingeschlossen, auszudehnen. Indem ich mich dem eigentlichen Gegenstand der Relativitätstheorie zuwende, liegt es mir daran, hervorzuheben, daß diese Theorie nicht spekulativen Ursprungs ist, sondern daß sie durchaus nur der Bestrebung ihre Entdeckung verdankt, die physikalische Theorie den beobachteten Tatsachen so gut als nur möglich anzupassen. Es handelt sich keineswegs um einen revolutionären Akt, sondern um eine natürliche Fortentwicklung einer durch Jahrhunderte verfolgbaren Linie. Das Aufgeben gewisser bisher als fundamental behandelter Begriffe über Raum, Zeit und Bewegung darf nicht als freiwillig aufgefaßt werden, sondern nur als bedingt durch beobachtete Tatsachen.

Albert Einstein: Rede vor der Royal Society of London 1921. Aus: Einstein, mein Weltbild. Ullstein Verlag, Frankfurt/M., 1984, S. 131/132.

Hubert Goenner ist Professor für Theoretische Physik an der Universität Göttingen mit Hauptarbeitsgebiet Relativistische Theorien der Gravitation. Er schrieb Lehrbücher wie *Einführung in die Kosmologie* (1994) und *Einführung in die spezielle und allgemeine Relativitätstheorie* (1996).

Hubert Goenner

EINSTEINS RELATIVITÄTSTHEORIEN

Raum, Zeit, Masse, Gravitation

Verlag C.H.Beck

Mit 9 Abbildungen

Die Deutsche Bibliothek – CIP-Einheitsaufnahme

Goenner, Hubert:
Einsteins Relativitätstheorien : Raum, Zeit, Masse,
Gravitation / Hubert Goenner. – Orig.-Ausg. – München :
Beck, 1997
  (Beck'sche Reihe ; 2069 : C.H. Beck Wissen)
  ISBN 3 406 41869 4

Originalausgabe
ISBN 3 406 41869 4

Umschlagentwurf von Uwe Göbel, München
© C. H. Beck'sche Verlagsbuchhandlung (Oscar Beck), München 1997
Gesamtherstellung: C. H. Beck'sche Buchdruckerei, Nördlingen
Gedruckt auf säurefreiem, alterungsbeständigem Papier
(hergestellt aus chlorfrei gebleichtem Zellstoff)
Printed in Germany

Inhalt

Vorbemerkung 7

1. Raum, Zeit, Materie 9
   1.1 Ausdehnung und Abstandsmaß 10
   1.2 Veränderung und Zeitmaß 13
   1.3 Materie und Masse 17
   1.4 Newtonsche Mechanik 19

2. Die Relativität der Bewegung 23
   2.1 Relativitätsprinzip der Mechanik 23
   2.2 Spezielle Relativitätstheorie 27
   2.3 Raum-Zeit-Diagramm 29

3. Gleichzeitigkeit und Kausalität 33
   3.1 Uhrenvergleich 34
   3.2 Kausalität 36

4. Folgen für die Physik 38
   4.1 Längenkontraktion und Zeitdilatation ... 38
   4.2 Dopplereffekt und Zwillingsparadoxon ... 40
   4.3 Masse und Energie 43

5. Empirische Belege für die Spezielle
   Relativitätstheorie 46

6. Die Geometrie der Raum-Zeit 50
   6.1 Der Minkowski-Raum 51
   6.2 Anwendungen der Raum-Zeit-Formulierung . 53

7. Trägheit und Schwere 56
   7.1 Die Machsche Idee 57
   7.2 Das Potential von Schwere und Trägheit . 58

- 8. Gravitation und Geometrie 60
  - 8.1 Verallgemeinerung der Minkowski-Metrik ... 60
  - 8.2 Riemannsche Geometrie 62

- 9. Krümmung und Materie 65
  - 9.1 Äußere und innere Krümmung 65
  - 9.2 Krümmung und Energie der Materie 69

- 10. Beobachtungen im Planetensystem............. 72
  - 10.1 Gravitationsrotverschiebung 72
  - 10.2 Lichtablenkung 73
  - 10.3 Merkurperiheldrehung 76

- 11. Relativistische Astrophysik 78
  - 11.1 Schwarze Löcher 78
  - 11.2 Gravitationswellen 82

- 12. Milchstraßen und Kosmologie................ 87
  - 12.1 Was wir vom Kosmos erfahren 88
  - 12.2 Grundannahmen der kosmologischen Modellbildung....................... 94
  - 12.3 Das Standardmodell 95
  - 12.4 Ausblick 99

- 13. Symbole und Abkürzungen 101

- 14. Mathematischer Anhang.................... 102

- 15. Weiterführende Literatur 106

- 16. Register................................ 107

Vorbemerkung

Begriffe wie Raum, Zeit, Masse, Energie, Relativität, Schwerkraft, um die es in dem hier vorgestellten Wissensgebiet geht, sind Teil unserer alltäglichen Erfahrung. Wir spüren die Erdanziehung und die Fliehkraft, wir kalkulieren mit Energiewerten, wir erleben die Standpunktabhängigkeit unserer Wahrnehmung nicht nur beim Reisen. Das ist eine gute Voraussetzung zum Verständnis der Speziellen und Allgemeinen Relativitätstheorie Einsteins. Allerdings führt die Verwendung ein und derselben Worte in Alltagssprache und Wissenschaft auch zu Mißverständnissen. Etwa zur ungerechtfertigten Übertragung des Relativitätsbegriffs der Physik im Sinne von „Alles ist relativ" auf Ethik und geisteswissenschaftliche Bereiche der Kultur wie die Kunst. In einer Nummer der Zeitschrift des Expressionismus *Die Aktion* von 1917 verstieg sich der Chemiker Hatvani zu der unsinnigen Bemerkung, daß infolge der „psychozentrierten Orientierung" der Relativitätstheorie, sich „das denkende Ich selbst in den Bewußtseinsinhalt ‚Gravitation'" auflöst. Ebensowenig läßt sich das individuelle Zeitgefühl auf den in der Physik verwandten Zeitparameter übertragen.

Während die Spezielle Relativitätstheorie die Grundlagen der raum-zeitlichen Beschreibung physikalischer Vorgänge, insbesondere der mit hohen Geschwindigkeiten ablaufenden, liefert, ist die Allgemeine Relativitätstheorie eine Theorie der Gravitation. In beiden Theorien sind neben der auf die Beobachter bezogenen Relativität nach wie vor absolute geometrische Größen enthalten. Die folgende Darstellung will deutlich machen, welch unverzichtbaren Zuwachs zum Naturverständnis und auch zu nützlichen technischen Entwicklungen die Einsteinschen Theorien gebracht haben. Erstes Gebot beim Schreiben war Klarheit, das zweite Anschaulichkeit. Der mathematische Apparat ist auf wenig Nötiges und aus der Schule Bekanntes beschränkt; bei diesem Thema auf jede Formel zu verzichten, würde in einer Reihe, die *Wissen* vermitteln soll, auf eine Täuschung des Lesers hinauslaufen. Der mathematische Anhang ist als Ergänzung für Leser mit stärkerem Interesse an mathematischen Formulierungen gedacht. Im Prinzip können die einzelnen Kapitel in beliebiger Reihenfolge gelesen werden, obgleich spätere Abschnitte Definitionen und Erklärungen verwenden, die in früheren gegeben sind.

1. Raum, Zeit, Materie

Die Begriffswelt, in der wir leben

Der Blick schweift über die Reling, dem gekräuselten Spiegel des Meeres folgend; erst der Horizont hält ihn auf. Aber daß dahinter auch noch etwas ist, Meer und Himmel, Wasser und Wolken: erfüllter Raum, wissen wir. Zwar verdeckt uns jede Wolke die Sicht, aber der auf sie gerichtete Blick müßte im Prinzip hindurch und immer weiter gehen können, bis er an irgend etwas undurchdringlichem, einem Planeten oder Stern anlangt, davon sind wir überzeugt. Wirklich? Ist die Welt nirgendwo „mit Brettern vernagelt", endet abrupt? Könnte ein Lichtstrahl nicht zu uns zurückkehren wie der Weltumsegler nach einer Umrundung des Globus? Was ist das eigentlich: der Raum? Wir sehen doch nur Gegenstände *im Raum*, nie den Raum selber.

Mit diesen müßigen Gedanken eines Schiffsreisenden sind wir mitten in einem Grundproblem der Naturbeschreibung gelandet. Es gibt verschiedene Auffassungen vom Raum: eine, daß er schon immer da ist vor allem anderen und wie ein Behälter die Dinge in sich aufnimmt; eine weitere, daß erst die Körper in ihrer gegenseitigen Beziehung den Raum „aufspannen". Ohne Körper auch kein Raum. Die erste Grundposition wurde in der griechischen Naturphilosophie etwa durch Aristoteles (384–322 v. Chr.) vertreten und in der Neuzeit dann durch Isaak Newton (1642–1727); die zweite durch Gottfried Wilhelm Leibniz (1646–1716) und die ihm nachfolgenden Gedankenschulen. Die Newtonsche Auffassung hat sich in der mathematischen Beschreibung der Natur durchgesetzt, obgleich die Leibnizsche die physikalisch einleuchtendere ist. Die Eigenschaften, die wir dem Raum zuschreiben – unabhängig von Körpern und Beobachtern –, nennen wir in der mathematischen Formulierung *geometrische*. Im folgenden werden wir die Raum, Zeit und Materie verbindende „Geometrie" kennenlernen.

1.1 Ausdehnung und Abstandsmaß

Alle Dinge unserer Erfahrung haben eine *Ausdehnung*. Ein nach seiner Definition ausdehnungsloser Punkt kann nur näherungsweise, etwa durch eine feine Spitze, realisiert werden. Es ist ein gedachter Grenzprozeß, der hinter dem Begriff „Massenpunkt" der Physik steckt: vom Billardball über den Stecknadel- oder Streichholzkopf zum winzigsten, gerade noch sichtbaren Ende eines Haares. „Ausdehnung" ist eine mit dem Raumbegriff verknüpfte Grunderfahrung. Dennoch gibt diese keinen Hinweis darauf, welche der beiden geschilderten Raumauffassungen die richtige ist. Wahrscheinlich ist es nicht sinnvoll, die Komplexität der „Außenwelt" in ein Entweder-Oder-Schema zu pressen.

Ausdehnung scheint ebenso eine definierende Eigenschaft der Materie zu sein wie des Raumes. Das war jedenfalls die Meinung des Philosophen René Descartes (1596–1650). Für ihn besteht der Raum durchgehend und bis in immer kleiner werdende Bereiche aus materiellen Teilchen, die aufeinander einwirken, Kräfte übertragen. Diese Verteilung von Materiepartikeln nannte er „Äther". Interessant ist dabei die angenommene *kontinuierliche* Verteilung der Materie: Es soll keine Lücken im Äther der Teilchen geben. Die von ihnen gebildete Kontinuumsstruktur können wir uns als beliebig dehnbare Gummihaut vorstellen; im Unterschied zu den feinen Häutchen der Seifenblasen läßt sie sich beliebig auseinanderziehen, ohne je weniger „glatt" zu werden oder zu zerreißen. Im Gegensatz dazu steht die Vorstellung vom Raum als einer Art feinmaschigen Siebs oder „Netzes", wenn auch mit sehr unregelmäßigen Maschen. Die Fäden des Netzes entsprächen den Körpern, der Materie. In den „Zwischenräumen" gäbe es nichts, was mit dem Begriff der Ausdehnung belegt werden sollte. Aber so richtig einsehen können wir das nicht. Frühere Generationen schrieben der Natur einen Abscheu vor dem Vakuum (*horror vacui*) zu. Zwischen den greifbaren Dingen „muß" noch etwas sein! Und wenn es nur ein dünnes Gas wie die Luft oder die wenigen Atome pro Kubikzentimeter im Raum zwischen den Sternen und Sternsystemen sind. Im Begriff „Schwarzes Loch", der in Kapitel 11.1 eingeführt werden wird, scheint so etwas wie ein „Loch" im Raum aufzutauchen. Wir werden aber sehen, daß das nur eine Sprechweise ist. Die Kontinuumsstruktur des materieerfüllten Raumes bleibt erhalten.

Wesentlicher ist da schon, daß erfahrbare Ausdehnung durch drei voneinander unabhängige Richtungen ausgelotet werden kann: Länge, Breite, Höhe. Wir sagen: Der Raum ist dreidimensional. Um einen Ort im Raum festlegen zu können, brauchen wir also drei Zahlen, die *Orts-Koordinaten* genannt werden. Als einfachste Möglichkeit bietet sich ein Achsenkreuz aus drei aufeinander paarweise senkrechtstehenden Achsen an, auf die wir einen Punkt projizieren können. Die sich ergebenden Abschnitte auf den Achsen sind dann seine *kartesischen* Koordinaten.

Die Ausdehnung wird mit Hilfe dieser Koordinaten durch ein *Abstandsmaß* quantifiziert. Verschiedene Personen schätzen eine vorgegebene Strecke als kürzer oder länger ein. Entscheidend ist, daß wir uns auf ein Abstandsmaß für die Ausdehnung *einigen*, etwa auf die Verwendung eines geeichten Kilometerzählers. Schwieriger wird es, wenn größere Bereiche, die nicht der alltäglichen Meßerfahrung mit Maßband oder Meßlatte zugänglich sind, in ihrer Ausdehnung bestimmt werden sollen. Nehmen wir die Entfernung zum Mond, nächsten Stern oder zum Zentrum unserer Milchstraßen-„Scheibe". Innerhalb des Planetensystems senden wir einen Radar- oder Lichtpuls zum fernen Objekt, hoffen, daß er dort reflektiert wird bzw. denken uns einen Radarreflektor oder einen Spiegel angebracht, wie auf dem Mond seit den menschlichen Besuchen von 1969 bis 1971 geschehen. Dann wird das zwischen Abgang und Wiedereintreffen des Signals verstrichene Zeitintervall Δt gemessen. Unter der Annahme, daß die Geschwindigkeit des Lichtes im Vakuum c richtungsunabhängig ist, setzen wir als Entfernung die Hälfte der mit der (Vakuum-)Lichtgeschwindigkeit multiplizierten Laufzeit, also $1/2 \cdot c \cdot \Delta t$, an.

Was heißt es denn genau, einen Abstand zwischen oder die Entfernung von zwei (Massen-)Punkten zu bestimmen? Wir verlangen, daß das Abstandsmaß Null ist, wenn sich die Punkte beliebig nahe kommen, und daß es nicht von der Reihenfolge der Punkte abhängt, zwischen denen gemessen wird. Schließlich noch, daß die sog. Dreiecksungleichung für das Abstandsmaß gilt. Das bedeutet, daß, wenn Abstände zwischen je zwei von *drei* Punkten betrachtet werden, die Summe von zwei aneinander angrenzenden Abständen immer größer als der dritte Abstand ist oder höchstens ihm gleich. Ein Abstandsmaß, das diese Bedingungen erfüllt, ist der *Euklidische* Abstand d. Für zwei Massenpunkte mit den Koordinaten*differenzen* Δx_1, Δx_2, Δx_3 berechnet er sich (in Analogie zum Satz des Pythagoras in der ebenen Geometrie) aus $d^2 = (\Delta x_1)^2 + (\Delta x_2)^2 + (\Delta x_3)^2$. Wenn die Koordinatendifferenzen beliebig klein werden, nennen wir die Koeffizienten vor ihnen in der Abstandsfunktion, also hier 1, 1, 1, „Komponenten" der Euklidischen „Metrik" (vgl. Mathematischer Anhang).

Ein starrer Stab kann als gegenständliche Realisierung der Abstandsfunktion, d.h. als ein Instrument zu ihrer Messung dienen. Starr heißt, daß seine Länge sich in dem Zeitraum, über den wir ihn benutzen wollen, nicht verändert. Wie das nachzuprüfen ist? Eigentlich nur durch Vergleich mit anderen möglichen Maßstäben. Wahrscheinlich haben viele Menschen schon mit der Idee gespielt, daß sie nichts davon merkten, wenn sich alle Abstände in der Welt im selben Maße verkleinern oder vergrößern würden. Um einen möglichen Effekt, der eine Abstandsänderung bewirkt, wie eine Kraft auf einen *unelastischen* Körper (etwa zusammengedrückte Knete), festzustellen, muß es eben festere Körper geben (etwa die Tischfläche, auf die sie gedrückt wird). Dies wird wichtig werden, wenn wir uns den Gravitationswellen (Kapitel 11) oder dem Hubble-Fluß (Kapitel 12) zuwenden.

Die *Maßeinheit* für die Abstandsmessung, die Längeneinheit, ist eine Konvention, da sich bisher keine „natürliche" Längeneinheit angeboten hat. Namen für ältere Längeneinheiten wie Fuß, Elle, Zoll zeugen von Versuchen in dieser Richtung. Auch der 1799 entstandene Vorschlag, die Längeneinheit als den vierzigmillionsten Teil des Erdumfanges zu definieren, ist nicht besonders überzeugend und mißglückt. Das *Meter*, das daraus hervorging und das als Prototyp mit x-förmigem Querschnitt in Paris als international verbindlicher Standard aufbewahrt wird, ist heute über die Wellenlänge einer Spektrallinie des Kryonatoms festgelegt (^{86}Kr, Übergang $5d_5 \rightarrow 2p_{10}$): ein Meter ist dann das 1 650 763,73-fache dieser Wellenlänge. Aus der Mikrophysik (quantenhafte Erscheinungen) gibt es Andeutungen, daß die oben beschriebene Kontinuumsstruktur des Raumes in dem Sinne verletzt sein könnte, daß eine „kleinste" Länge existiert. Aus den Naturkonstanten Geschwindigkeit des Lichtes im Vakuum c, Plancksche Konstante h und Newtonsche Gravitationskonstante G läßt sich eine Größe von der Dimension einer Länge bilden, die zu Ehren von Max Planck (1858–1947) *Planck-Länge* genannt wird: $(\frac{h \cdot G}{2\pi c^3})^{1/2}$. Sie beträgt $1{,}616 \cdot 10^{-33}$ cm, ist also unvorstellbar klein.[1] Im Vergleich dazu ist die Ausdehnung eines Elektrons von der Größenordnung 10^{-13} cm riesig. Heute können Längen bis zu 10^{-16} cm direkt, indirekt bis 10^{-22} cm gemessen werden. Was unterhalb der Skala einer Planck-Länge passiert, weiß noch niemand.

1.2 Veränderung und Zeitmaß

Neben der „Ausdehnung" ist „Veränderung" eine menschliche Grunderfahrung. Ereignet sich Veränderung in der *Zeit*? Was ist Zeit? Eine Größe, mit der die Abfolge unserer Lebensstadien geordnet werden kann: Geburt geht dem Tod voran, ein Herzschlag folgt dem anderen, der Sommer löst das Frühjahr ab. Als aufeinanderfolgende Ereignisse verbindende Größe besitzt die Zeit *relationalen* Charakter. So dachte Leibniz; für Newton dagegen gibt es sie auch ohne Gesche-

---

[1] Die Potenzschreibweise 10^x bedeutet, daß x Nullen *vor* das Komma gesetzt werden müssen bei *positiven* ganzzahligem x und x–1 hinter das Komma bei *negativem* ganzzahligen x. $10^{-2} = 0{,}01$; $10^2 = 100{,}0$.

hen: als *absolute*, gleichmäßig vergehende Zeit ohne Bezug auf irgendeinen Vorgang.

Viele Veränderungen am Himmel, im Körper von Lebewesen einschließlich des Menschen sind zyklisch. Daraus entwickelte sich wohl das uralte Bild der ewigen Wiederkehr des Gleichen. Heute befassen sich Astronomie, Chrono-Biologie und -Pharmakologie mit ihnen. Aus der über die Generationen tradierten Lebenserfahrung und der Geschichte mit ihren im Dunst des Vergessens verschwimmenden Frühstadien bleibt offen, ob die Zeitfolge von *erfahrbaren* Dingen einen bestimmten „Beginn" hatte. Aber hier befinden wir uns bereits in unwegsamem Gelände. Was ist mit der „Erschaffung" der Welt und dem Ins-Werk-Setzen des Zeitablaufes, an die viele glauben? Auch in den gegenwärtig akzeptierten Modellen der physikalischen Kosmologie gibt es einen „Beginn" des Kosmos vor einer *endlichen* Zeit (siehe Kapitel 12). Sollen wir von „Geburt" des Kosmos sprechen oder mit dem Kirchenvater Augustinus sogar von der „Erschaffung der Zeit"? Ist dies ein logischer Widerspruch? Eine naheliegende Frage ist: Gibt es ein *Ende* nicht nur der menschlichen Geschichte, sondern auch der Zeit?

Um Veränderungen rechnerisch beschreiben zu können, führen wir einen Zeitparameter ein, der jeden Wert auf der Zahlengeraden annehmen kann. Damit haben wir auch für die Zeit eine Kontinuumsstruktur vorausgesetzt. Sie soll nicht ruckartig ablaufen, so wie etwa ein Filmvorführapparat die einzelnen Bilder voranrückt, wenn auch so schnell, daß unser Auge von der Unstetigkeit der Bewegung nichts merkt. „Alles fließt" *in* der Zeit; gedankenlos sagen wir manchmal: „die Zeit fließt", was ebensowenig Sinn gibt wie „der Raum sitzt". Ob die aus den fundamentalen Konstanten gebildete *Planck-Zeit* $(\frac{h \cdot G}{2\pi c^5})^{1/2} \simeq 10^{-44}$ s eine physikalische Rolle spielt, ist unbekannt. Die direkte Zeitmessung reicht gegenwärtig nur bis 10^{-15} s.

Die Zeitfolge ist gerichtet (Zeitpfeil): Wir können uns nur in die Zukunft verändern – nicht in die Vergangenheit! Anderslautende Nachrichten wie die durch den Blätterwald rauschenden (Zeit-)Reisen in die Vergangenheit können getrost vergessen werden, ohne daß wir wissenschaftlich etwas versäumen.

Zur Darstellung des Zeitparameters können wir jede dauernd wachsende Funktion einer reellen Variablen wählen. Die physikalische Erfahrung zeigt jedoch, daß eine Wahl des Zeitparameters besonders wichtig ist, die sog. *Inertialzeit*: Sie ist für die Formulierung der Newtonschen Mechanik nötig (vergleiche Abschnitt 1.4). Um die Inertialzeit definieren zu können, müssen wir zuerst über die Bewegung kräftefreier Körper nachdenken. Wir wissen, daß es starre Körper gibt, aus denen ein „Bezugssystem" – also drei sich in einem Punkt, dem „Ursprung", treffende, aufeinander senkrechtstehende materielle Achsen – gebildet werden kann. Denken wir an die drei Linien, in denen sich die Wände in einer Ecke eines Zimmers schneiden. Wenn sich ein kräftefreier Körper in bezug auf diese Achsen *geradlinig* bewegt, so nennen wir das Achsensystem eine *Inertialbasis*. Als Beispiel nehmen wir eine Glasperle, der ein Stoß auf der glatten Tischfläche gegeben wird, ohne sie gleichzeitig ins Rotieren zu bringen: sie bewegt sich geradlinig relativ zu den Wänden, falls nicht durch Reibung gestört.

Die Inertialzeit ist nun durch diejenige Zeitskala definiert, für die ein auf eine Inertialbasis bezogener *kräftefreier* Massenpunkt auf seiner geradlinigen Bahn *in gleichen Zeiten gleiche Wegstrecken* zurücklegt. Wir sprechen von geradlinig-*gleichförmiger* Bewegung. Was bedeutet kräftefrei? Es ist nicht einfach, hier einen Zirkelschluß zu vermeiden. Wir wollen Kräftefreiheit annehmen, wenn größtmögliche Sorge getragen ist, daß keine erkennbaren Kräfte auf den Massenpunkt wirken. Unter einem *Inertialsystem* verstehen wir eine Inertialbasis zusammen mit der Inertialzeit. Es gibt unendlich viele solcher Inertialsysteme: Wenn einmal eines gefunden ist, so sind alle gegen dieses geradlinig-gleichförmig (also mit konstanter Geschwindigkeit) bewegten Systeme ebenfalls Inertialsysteme. Eines ist so gut wie jedes andere. Keines sollte ausgezeichnet sein.

Strenggenommen kann es kein aus realen Körpern bestehendes Inertialsystem geben, da diese immer Kräfte aufeinander ausüben. Inertialsysteme können aber *näherungsweise* für bestimmte Zwecke realisiert werden. So ist für Experimente im Labor ein mit der Erde mitrotierendes Bezugssystem als Inertialsystem benutzbar. Für großräumige Vorgänge wie die Bildung von Zyklonen in der Atmosphäre oder schon für die Ausmessung von Bohrlöchern und Kohlenschächten genügt dieses System nicht mehr, da wegen der Erdrotation Flieh- und Corioliskräfte wirken (Lotabweichung). Die letztere Trägheitskraft ist proportional zur Geschwindigkeit des bewegten Körpers. Wir gehen dann auf ein mit der Sonne fest verbundenes Bezugssystem über. Schließlich wird für die Beschreibung des Planetensytems ein an benachbarten Sternen festgemachtes Bezugssystem benutzt.

Zeit ist Veränderung und Dauer: Uhren messen Zeit*differenzen*, Zeit-Dauern, also „Abstände" in der Zeit. Als Maß der Zeitdauer benutzen wir *periodische* Veränderungen am Himmel oder in schwingungsfähigen Systemen im Labor. Periodische Veränderungen sind solche, die sich in gleichen Zeitabständen wiederholen. Wie zeitliche Periodizität festgestellt wird? Durch Vergleich mit anderen, genaueren Uhren. Hier ergibt sich ein ähnliches Problem wie bei den starren Maßstäben, das nur die Erfahrung durchbrechen kann. Der Schriftsteller Bruce Chatwin erzählt vom Aufsatz eines Schülers in Patagonien über nicht zuverlässige Chronometer: „Die Uhr dient dazu, Verspätungen festzustellen. Auch eine Uhr verbraucht sich, und so wie ein Auto Öl verliert, verliert die Uhr Zeit."

Astronomische „Uhren", die Zeitintervalle verschiedener Länge überdecken, sind etwa die Rotation der Erde relativ zur Sonne oder zum Sternhimmel (Sonnen-, Sterntag), der Umlauf der Erde um die Sonne (Jahr), der Sonnenfleckenzyklus (11 Jahre), die Umlaufdauer der anderen Planeten (Pluto: 248,4 Jahre) und Kometen (Halley: 77 Jahre; im Mittel haben die Perioden von Kometen aber die Größenordnung von einer Million Jahre) und die Präzession der Erdachse um den Himmelspol (26 000 Jahre). Ein Umlauf des Sonnensystems um das Milchstraßenzentrum beträgt etwa $2 \cdot 10^8$ Jahre. Die Genauigkeit dieser himmlischen Uhren ist sehr verschieden; die Erdrotation etwa ist periodisch mit einem relativen Fehler von $(1-2) \cdot 10^{-7}$.

Andererseits können wir die Schwingungsdauer eines Pendels verwenden, eine moderne Quarzuhr oder die Präzisions-Atomuhren der Physikalisch-Technischen Bundesanstalt. Die relative Ganggenauigkeit letzterer über einige Monate beträgt 10^{-12}. In der Tat wird die Sekunde, die Einheit der Zeit, über die Schwingungen einer Cäsium-Atomuhr definiert: Die Sekunde ist das 9 192 631 770-fache der Periodendauer der Schwingung, die dem Übergang zwischen den beiden Hyperfeinstrukturniveaus des Grundzustandes des Atoms ^{133}Cs entspricht. Zwei Fragen ergeben sich sofort: Stimmt die „astronomische" Zeit mit der Atomuhr-Zeit überein? Die Antwort ist negativ; in regelmäßigen Zeitabständen müssen Bruchteile von „Schaltsekunden" eingefügt werden, um die weniger genaue astronomische Zeit mit der sehr präzisen Atomuhrzeit in Einklang zu bringen. Die Antwort auf die zweite Frage, welche Uhren Inertialzeit messen, ist näherungsweise: Atomuhren, insbesondere Uhren auf der im Schwerefeld der Sonne frei fallenden Erde, die keinen anderen Kräften ausgesetzt sind.

1.3 Materie und Masse

Ausdehnung und Veränderung sind als Eigenschaften der „Materie" eingeführt worden. Was ist Materie? Wir haben von Teilchen, Körpern, Massenpunkten und beiläufig auch schon vom Licht gesprochen. Charakteristisch für Körper ist, daß sie Widerstand gegenüber Kräften ausüben, die sie verschieben wollen. Von allein bewegen sich nur die Himmelskörper; auf der Erde muß alles gezogen, geschleppt, gefahren und gehoben werden. Um dieses Beharrungsvermögen der Materie zu beschreiben, statten wir sie mit der sog. *trägen Masse* m_t aus. In der Newtonschen Mechanik ist das eine vom Ort und der Zeit *un*abhängige Größe, eine Konstante. Eine weitere Eigenschaft von Massen, etwa der Erdmasse, ist es, andere Massen anzuziehen; das kennen wir nur zu gut, wenn wertvolle Dinge herunterfallen und zerbrechen. Die gegenseitige Anziehung von Massen, die im Alltagsleben nur dann spürbar wird, wenn mindestens eine der Massen sehr groß ist, drücken wir dadurch aus, daß wir den Körpern eine *schwere Masse* m_s zuordnen. Wie eine elektrische Ladung elektrische Kräfte hervorruft, so ist die schwere Masse die Quelle der Schwer- oder Gravitationskraft. Wenn ein Körper mit seiner schweren Masse eine Gravitationskraft auf einen zweiten ausübt, so leistet dieser mit seiner trägen Masse Widerstand gegen die angreifende Kraft. Wir bestimmen die Masse gewöhnlich mit einer Waage: Dabei werden die Beschleunigungen verglichen, die zwei (ungefähr) am selben Ort auf den Waagschalen ruhende Massen durch die Schwerkraft der Erde erhalten. Wir können die Masse daher nur als ein Vielfaches einer beliebig ausgewählten Vergleichsmasse festlegen. Als Masseneinheit 1 kg ist die Masse des 1889 hergestellten, in Paris aufbewahrten Internationalen Kilogrammprototyps definiert, eines Zylinders aus einer Platin-Iridium-Legierung. Er sollte dem Gewicht eines Kubikdezimeters Wasser bei 4°C entsprechen, ist jedoch um rund 27 mg schwerer geworden.

Nun das Überraschende: Im Rahmen der Messungen erweisen sich die beiden verschieden definierten Arten von Masse bei allen bisher untersuchten Körpern als proportional, d.h. als gleich bis auf einen gemeinsamen Zahlenfaktor. Durch geeignete Wahl der Masseneinheit kann dieser zu Eins gemacht werden. Die Messung von $\frac{m_s}{m_t}$ ergibt 1 bis auf einen gegenwärtigen relativen Fehler von 10^{-12}!

Noch eine Bemerkung zur *kontinuierlichen* Verteilung der Materie. Diese erlaubt die Einführung von Begriffen wie der Massen-„Dichte" und der momentanen Geschwindigkeit eines strömenden Materials: Jedem Ort wird zu jeder Zeit ein Wert von Dichte und Geschwindigkeit der Teilchen zugeordnet. Wir sprechen dann von einem Dichte- bzw. Geschwindigkeits-

feld oder, allgemeiner, von einem Strömungs*feld*. Es gibt aber auch Felder ohne einen *Substanz*-Aspekt. Bei ihnen wird an einem Ort zu einer Zeit zwar keine greifbare Masse gefunden, aber an diesem Ort werden Kräfte auf eingebrachte Körper ausgeübt. Paradebeispiele sind das magnetische und das elektrische Feld, die auf Eisenspäne bzw. elektrische Ladungen wirken, wenn sie in den Bereich dieser Felder kommen. Felder haben eine Energiedichte, die, wie wir in Abschnitt 4.3 sehen werden, der Dichte einer trägen Masse entspricht. Da träge und schwere Masse gleich sind und schwere Massen Gravitationskräfte erzeugen, müssen wir solche Felder auch mit zur „Materie" rechnen. In der quantenmechanischen Beschreibung der Materie ist die Unterscheidung zwischen Teilchen und Feld ohnehin nur noch als ein spezieller Zug in der mathematischen Modellbildung, nicht als „real-existierender" Unterschied möglich.

1.4 Newtonsche Mechanik

Die Newtonsche Mechanik geht zunächst vom Teilchenbegriff aus, mit dem ein streng lokalisiertes Objekt beschrieben wird. Sie kann aber genausogut auf Feldverteilungen in ausgedehnten Bereichen angewandt werden wie etwa in der Strömungsphysik. Die Grundgleichung der Newtonschen Mechanik besagt: „Die träge Masse eines punktförmigen Teilchens multipliziert mit seiner Beschleunigung ist gleich der an dem Teilchen angreifenden äußeren Kraft." Die Beschleunigung ist als zeitliche Veränderung der Geschwindigkeit definiert; diese wieder als zeitliche Veränderung des momentanen Ortes des Teilchens. Daraus ergibt sich, daß eine Änderung des Zeitparameters eine Änderung sowohl der Geschwindigkeit wie der Beschleunigung bewirken kann. Eine einfache Änderung ist gegeben, wenn wir den Zeitparameter mit einer konstanten Zahl multiplizieren. Ist sie größer als Eins, so bedeutet dies, daß langsamer gehende Uhren benutzt werden. Wir können auch eine Konstante zum Zeitparameter hinzuaddieren. Das heißt dann, daß wir den Zeit-Nullpunkt aller

Uhren in *gleicher* Weise verschieben. *Allgemeinere* Änderungen des Zeitparameters würden die träge Masse geschwindigkeitsabhängig machen und einen Zusatzterm zur Kraft bringen, der diese um eine Größe proportional zur Geschwindigkeit des Teilchens ändert (vgl. Mathematischer Anhang). Legen wir den Zeitparameter nicht fest, so sind weder die träge Masse noch die äußere Kraft eindeutig bestimmt. Die Newtonsche Grundgleichung gibt so keinen Sinn. Sie ist – bezogen auf eine Inertialbasis – genau dann gültig, wenn wir als Zeitparameter die *Inertialzeit* nehmen. Deswegen müssen wir diese Wahl treffen. In der Newtonschen Mechanik ist die Inertialzeit bis auf mögliche Verschiebungen des Zeitnullpunktes festgelegt.

Natürlich kann die Newtonsche Mechanik auch in Bezugssystemen formuliert werden, die gegenüber Inertialsystemen beschleunigt sind. In diesem Fall fügen wir den äußeren Kräften die sog. *Trägheitskräfte* hinzu, die alle proportional zur trägen Masse sind; die bekannteste ist die Zentrifugalkraft.

Das Produkt aus der trägen Masse und der Geschwindigkeit eines Teilchens stellt einen *Massenstrom* dar; es wird *Impuls* genannt. Die Bewegungsgleichung kann mittels dieser Größe in der von Newton ursprünglich gewählten Form dargestellt werden: Die zeitliche Änderung des Impulses einer Punktmasse ist gleich der angreifenden Kraft.

Eine unser Leben stark beeinflussende äußere Kraft ist die Schwerkraft, mit der sich zwei Körper (Massenpunkte) in der Richtung ihrer Verbindungslinie anziehen. Nach Newton ist sie umgekehrt proportional zum Quadrat des Abstandes zwischen den Körpern, fällt also rasch ab. Weiter ist sie proportional zum Produkt der schweren Massen beider Körper. Von einer eventuellen Geschwindigkeit der Körper hängt sie nicht ab. Für zwei Massen wie Sonne und Erde folgt mit diesem Kraftgesetz aus der Newtonschen Grundgleichung, daß beide Körper in einer Ebene auf Ellipsenbahnen um den gemeinsamen Massenschwerpunkt laufen; er liegt praktisch im Zentrum: bei einem Radius der Sonne von 150 Millionen km ca. 450 km von ihrem Mittelpunkt entfernt. Während Johannes

Kepler (1571–1630) dies aus Beobachtungen insbesondere der Marsbahn mühsam errechnete, gab Newton mit seinem Kraftgesetz eine tiefere und auf viele andere Körper am Himmel und auf der Erde anwendbare Begründung.

Neben der Gravitations*kraft* wird der Begriff des Gravitations-*Potentials* oder der potentiellen Energie eines Teilchens im Schwerefeld eingeführt. Ein Vorrat an potentieller Energie wie etwa im Wasser eines Stausees ist gleichbedeutend mit der Fähigkeit, Arbeit zu verrichten. Von Flächen konstanten Gravitationspotentials aus kann demnach durch die Schwerkraft dieselbe Arbeit geleistet werden. Die gedachte, mittlere Oberfläche der Erde, das *Geoid*, ist eine solche sog. „Äquipotentialfläche". Die Schwerkraft ist nun als räumliche Änderung, als der *Gradient* des Gravitationspotentials senkrecht zu den Äquipotentialflächen gerichtet. Das kennen wir von den Fallinien im Gelände, den Kurven steilsten Anstieges quer zu den Höhenlinien. Da die Schwerkraft an jedem Ort wirkt, sprechen wir von einem Schwerkraft- oder kurz vom Schwerefeld.

Der Potentialbegriff erleichtert den Übergang zur Feldbeschreibung, weil mit seiner Hilfe die Beiträge der felderzeugenden Masse und der Masse, an der das Gravitationsfeld angreift, getrennt werden können. Wegen $m_s = m_t$ hebt sich in der Newtonschen Bewegungsgleichung mit der Gravitationskraft die Masse eines sich im Schwerefeld bewegenden Körpers heraus: Die Bahn einer im Schwerefeld der Erde frei fallenden Masse hängt nicht mehr vom Wert ihrer trägen Masse ab. Nur die Masse der Feldquelle (Erde) ist wirksam. Dieser Sachverhalt wird *Äquivalenzprinzip* genannt. Er bildet den Hintergrund der Kinderfrage: „Was fällt schneller, ein Kilogramm Federn oder ein Kilogramm Bleikugeln?"[1] In der Elektrodynamik ist das anders; die Bewegung wird hier durch den Quotienten von Ladung e und träger Masse e/m_t bestimmt. Auch Trägheitskräfte haben ein Potential, das Trägheitspotential genannt wird.

---

[1] Unfair dabei ist, daß die Reibungskräfte in der Luft unterschlagen werden.

Der Potentialbegriff spielt aber auch eine Rolle in den wichtigen *Erhaltungssätzen* für Energie und Impuls. Die Gesamtenergie eines Systems von miteinander wechselwirkenden Massen ist unter genau bestimmten Umständen zeitlich konstant, ebenso ihr Gesamtimpuls (Summe der Einzel-Impulse). Die mechanische Gesamtenergie setzt sich aus der Summe von Bewegungsenergie und potentieller Energie zusammen (vgl. den Mathematischen Anhang). Wir kennen die Auswirkung von Energie und Impuls-Erhaltungssatz beim elastischen Stoß von einem Spielzeug, in dem eine Anzahl von sich berührenden Stahlkugeln an Pendelfäden in einer Reihe aufgehängt sind. Lassen wir die erste Kugel mit einer bestimmten Geschwindigkeit auf die anderen auftreffen, so schnellt die letzte mit derselben Geschwindigkeit davon.

2. Die Relativität der Bewegung

Gibt es denn keinen Angelpunkt der Welt?

2.1 Relativitätsprinzip der Mechanik

Wer häufig mit dem Zug fährt, hat das Phänomen schon beobachtet: Halt in einer Station; auf dem gegenüberliegenden Gleis steht ein zweiter Zug. Der Aufenthalt scheint zu Ende, wir setzen uns langsam in Bewegung, jedenfalls *relativ* zu dem anderen ICE. Doch irgend etwas stimmt nicht. Wir schauen auf eine Telefonzelle auf dem Bahnsteig: Relativ zu ihr bewegen wir uns nicht. Also kann die Relativbewegung gegenüber dem anderen Zug nur bedeuten, daß *dieser* zuerst losgefahren ist. In der Tat, bald sehen wir seinen letzten Wagen und einen Triebkopf. Ohne die Telefonzelle als einem festen Bezugspunkt, wäre eine Unterscheidung zwischen dem Bewegungszustand der beiden Züge schwieriger geworden. Denn solange wir nicht merklich *beschleunigt* werden, haben wir kein Sinnesorgan, um Relativbewegungen festzustellen.

Dieses einfache Erlebnis bringt uns mitten in ein Problem, mit dem sich Physiker und Philosophen ziemliche lange beschäftigt haben. Bewegung bedeutet immer Bewegung *relativ* zu einer Markierung, zu anderen Körpern. In der Beschreibung der Bewegung durch die Mechanik Newtons kommen diese *Bezugskörper* jedoch nicht vor; sie werden nicht gebraucht. Bewegung bedeutet hier Bewegung gegenüber dem als „absolut" gesetzten Raum. Nach dieser Auffassung scheint es, als ob die Punkte des Raumes schon selbst Markierungen wären. Zwar können diese Punkte durch *mathematische* Etiketten, also die drei Raumkoordinaten unterschieden werden. Aber diese stehen – um bei unserem Beispiel zu bleiben – weder an Zügen noch an Bahnsteigen angeschrieben. Sie können willkürlich geändert werden, je nach unseren Bedürfnissen: der Nullpunkt des Systems und die Richtungen der Raumachsen, längs derer die Koordinaten abgetragen werden.

Das ist einleuchtend, aber das Problem bleibt: In den Gleichungen der Newtonschen und auch der relativistischen Mechanik kommen keine relativen Größen vor, wie *Relativ*geschwindigkeit, *Relativ*beschleunigung, sondern *absolute* Größen: „Geschwindigkeit" und „Beschleunigung". Aber wogegen? Gegenüber dem auf welche Weise erfahrbaren „absoluten" Raum? Natürlich wußte Newton um diese Schwierigkeit. Er glaubte, ihr dadurch ausweichen zu können, daß er dem absoluten Raum physikalische Eigenschaften zuwies. Er sollte erfahrbare Wirkungen ausüben: Beschleunigungen relativ zum absoluten Raum sollten sich in den Trägheitskräften zeigen. Auf der Achterbahn oder in der Kurve beim Autofahren spüren wir die nach außen ziehende Zentrifugalkraft. Auch wenn wir die Augen schließen und keine Bezugskörper sehen, relativ zu denen sich der Wagen bewegt. Ein anderes Beispiel: Die Rotation der Erde um ihre Achse kann bei geschlossener Wolkendecke durch die Beobachtung der Schwingungsebene eines einige Meter langen Pendels festgestellt werden (sog. Foucaultsches Pendel). Im Laufe des Tages ändert sie sich relativ zur Erdoberfläche: Die Erde bewegt sich nach Newton durch eine *Drehung relativ zum absoluten Raum* unter der Schwingungsebene weg. Deren Lage relativ zum absoluten Raum bleibt unverändert. Ernst Mach (1838–1916) hat diese Interpretation kritisiert: Seiner Meinung nach ist die Bewegung auf die *Fixsterne* zu beziehen als den relativ zu allen Bewegungen auf der Erde und im Planetensystems ziemlich fest plazierten Bezugs-Körpern. Er wies darauf hin, daß niemand sagen könne, ob nicht dieselben Fliehkräfte entstünden, wenn die Erde als ruhend (nicht um ihre Achse rotierend) gedacht würde, die Fixsterne aber um die Erde herum kreisten. Leider läßt sich dieses Experiment nicht durchführen.

Zusammengefaßt: Zum einen brauchen wir Vergleichskörper, um Bewegungen zu bemerken; zum anderen kann es sein, daß Kräfte wie die Zentrifugalkraft oder die anderen Trägheitskräfte aus einer noch unbekannten Wechselwirkung zwischen den Körpern entstehen. Wie das geschehen soll, wußte Ernst Mach nicht und wissen wir auch heute nicht.

Im Rahmen der Newtonschen Physik wurde der Tatsache, daß wir bei unbeschleunigten Bewegungen nicht eindeutig sagen können, ob sich der eine Körper bewegt und der andere ruht oder gerade umgekehrt, dadurch Rechnung getragen, daß die Grundgleichungen in allen zueinander mit *konstanter* Geschwindigkeit bewegten Bezugssystemen – das sind die vorher beschriebenen Inertialsysteme – gleich aussehen. Schon seit Galileo Galilei (1546–1642) ist diese Forderung unter dem Namen „Relativitätsprinzip" der Mechanik bekannt. Etwas technischer ausgedrückt: Die Gleichungen, mit denen die Bewegung von Körpern beschrieben werden, sollen sich nicht ändern, wenn wir den Ursprung der Inertialbasis im Raum verschieben, ihre Achsenrichtungen verdrehen oder uns auf eine sich mit konstanter Relativgeschwindigkeit bewegende andere Inertialbasis beziehen. Zusammen mit einer möglichen konstanten Verschiebung des Nullpunktes der Inertialzeit bilden alle diese Bezugssystem-Transformationen die sog. *Galilei-Gruppe* (vgl. Mathematischer Anhang).

Jetzt scheint alles in Ordnung zu sein. Bezugskörper gibt es mehr als genug; die Grundgleichungen sind unempfindlich oder, wie es die Fachsprache ausdrückt, „kovariant" gegenüber dem Wechsel des Bezugssystems formuliert; was sollte denn dann noch schiefgehen, wenn wir Bewegungen beschreiben wollen? Nun, für langsame massive Körper war auch alles in bester Ordnung. Aber das Verständnis der Bewegung des *Lichtes* im Rahmen der Newtonschen Theorie wollte den Physikern lange nicht gelingen. Die Erfahrung insbesondere an Beugungserscheinungen zeigte, daß Licht als eine *Welle* beschrieben werden mußte. Die bis zu dieser Zeit bekannten Wellen brauchen materielle Träger: Schallwellen breiten sich in der Luft oder einem kristallinen Festkörper aus. Die Luftmoleküle bzw. Gitteratome schwingen dabei hin und her. Wasserwellen pflanzen sich im Wasser fort; jetzt sind es die Wasserteilchen, die sich bewegen. Welche Teilchen schwingen, wenn eine Radiowelle vom Sender zum Tuner läuft?

Nicht die Luftteilchen, denn Licht und Radiowellen (z. B. im Labor) können auch durch Gebiete geschickt werden, aus denen die Luft herausgepumpt wurde. Sie durchqueren den intergalaktischen Raum, in dem nur noch eine winzige Anzahl von Teilchen vorhanden ist. Zuerst wurde eine spezielle Art von Materie ausgeheckt, eben der schon in Kapitel 1 erwähnten Äther, in der sich die Lichtwellen ausbreiten sollten. Das vertrackte war nur, daß dieser Äther sich durch keine andere Eigenschaft nachweisen ließ als eben durch die Lichtfortpflanzung. Er sollte so spärlich vorhanden sein, daß die Planetenbewegung durch ihn nicht merklich beeinflußt werden konnte. Andererseits mußten – wegen der schnellen Schwingungen der Lichtwelle – seine elastischen Eigenschaften eher denen von Stahl als denen eines dünnen Gases gleichen.

Außerdem würde ein relativ zum Äther ruhendes System ein ausgezeichnetes Bezugssystem unter den Inertialsystemen darstellen. Das war nicht zu verstehen, wenn der Äther nicht so etwas wie den absoluten Raum repräsentierte.

Nach vielen vergeblichen Präzisionsmessungen, etwa durch den Versuch der Physiker Albert A. Michelson (1852–1931) und Edward W. Morley (1838–1923), die Bewegung der Erde relativ zum Äther zu bestimmen, zeigte Albert Einstein (1879–1955) in seiner Speziellen Relativitätstheorie von 1905, daß der Äther, als absolutes Element aufgefaßt, zur Beschreibung des Lichts *nicht* gebraucht wird.

Seither ist davon die Rede, daß sich das Licht und alle anderen elektromagnetischen Wellen im „Vakuum" fortpflanzen. In der klassischen Physik bedeutet das Vakuum die Abwesenheit von Materie in Form von Teilchen oder Feldern. Eine Möglichkeit zur Definition des Vakuums in der Quanten-Feldtheorie besteht darin, es als den energetisch niedrigsten Zustand, zu betrachten in dem keine Schwingquanten sitzen: Die Teilchenzahl in diesem Zustand ist Null.[1] Dieses Vakuum hat physikalische Eigenschaften ebenso wie auch das

---

[1] Neben diesem sog. Fock-Vakuum gibt es andere wichtige Vakuum-Definitionen wie den Lorentzinvarianten Grundzustand.

Vakuum in der Allgemeinen Relativitätstheorie (vgl. Abschnitt 9.2). Wir stellen uns vor, daß andauernd Teilchenpaare (Teilchen und Antiteilchen) erzeugt werden und unmeßbar schnell wieder in masselose Quanten zerstrahlen. Obgleich die Gesamtzahl massiver Teilchen im Mittel Null ist, übt das Vakuum einen Einfluß auf Teilchen mit meßbarer Lebensdauer aus. Welcher Zusammenhang zwischen den verschieden definierten Vakua besteht, ist unklar. Haben wir nun besser verstanden, warum das Licht keinen materiellen Träger braucht? Vermutlich nicht; aber die neue Sprechweise muß genügen.

2.2 Spezielle Relativitätstheorie

Gegen Ende des 19. Jahrhunderts hatten Forscher geladene Teilchen entdeckt, die sich nicht mehr langsam im Vergleich zur Lichtgeschwindigkeit bewegten: die Elektronenstrahlen in Entladungsröhren, zuerst Kanalstrahlen genannt. Es wurde klar, daß Elektronen sich in elektrischen Feldern anders verhielten, als die Physiker gewohnt waren; insbesondere ihre träge Masse hing von der Geschwindigkeit ab und wuchs mit ihr. Dies gab, neben den Schwierigkeiten mit dem Verständnis des absoluten Raums als dem Träger der Lichtwellen, einen weiteren Hinweis darauf, daß der Newtonsche Raum-Zeit-Begriff und die klassische Mechanik zur Beschreibung der physikalischen Phänomene nicht ausreichten.

Am Beginn des Weges, der Albert Einstein zur Speziellen Relativitätstheorie führte, standen zwei Hypothesen: Er bezog das Äquivalenzprinzip der Mechanik auf *alle* physikalischen Vorgänge und forderte zudem, daß die Geschwindigkeit c des Lichtes im Vakuum in allen Inertialsystemen dieselbe sein sollte. Die erste Annahme bedeutet, daß auch aus elektromagnetischen Phänomenen kein ausgezeichnetes Bezugssystem erschlossen werden kann. Die zweite, daß die einfache Addition von Geschwindigkeiten auf das Licht oder mit ihm vergleichbar schnelle Vorgänge nicht angewendet werden darf. Denn dann wäre die Lichtgeschwindigkeit in einem sich relativ zum Beobachter mit der Geschwindigkeit v bewegenden Inertialsystem $c' = v + c$, also nicht unverändert. Die Galilei-Transformation, die zu diesem Additionsgesetz der Geschwindigkeit führt, kann demnach nicht mehr die richtige Beschreibung des Übergangs von einem Inertialsystem zum anderen sein, jedenfalls nicht für hohe Relativgeschwindigkeiten.

Sie wird durch die nach dem Nobelpreisträger aus Leiden Hendrik Antoon Lorentz (1835–1928) benannte *Lorentz-Transformation* ersetzt, die der theoretische Physiker und Bachkantatenspezialist an der Universität Göttingen Woldemar Voigt (1850–1919) schon 1887 im Zusammenhang mit dem Studium der Lichtausbreitung in Kristallen gefunden, aber in ihrer vollen physikalischen Tragweite nicht erkannt hatte. Während in der vor-relativistischen Beschreibung das Zeitintervall Δt zwischen zwei Ereignissen[1] in allen Inertialsystemen dasselbe ist, ändert es sich nun beim Übergang zwischen Inertialsystem I und I' in zweierlei Hinsicht: Für Ereignisse am selben Ort im System I, die um Δt auseinanderliegen, ist das Zeitintervall im Inertialsystem I' verschieden: $\Delta t' \neq \Delta t$. Der Unterschied ist durch die Relativgeschwindigkeit der Systeme, d.h. durch die *Zeitdilatation* bestimmt (vgl. Kapitel 4). Für Ereignisse an *verschiedenen* Orten in I ($\Delta x \neq 0$) muß zur Berechnung von $\Delta t'$ zusätzlich die sog. *Retardierung*, das ist die Laufzeit eines Signals $\frac{\Delta x}{c}$ zwischen den beiden Orten der Ereignisse mit Abstand Δx, berücksichtigt werden, und zwar wegen der Notwendigkeit der Uhrensynchronisation (vgl. das nächste Kapitel). Während der Retardierungszeit bewegt sich das System I' um die Strecke $v\frac{\Delta x}{c}$ weiter; diese muß vom Lichtweg $c\Delta t$ abgezogen werden. In I' folgt daraus $c\Delta t' \sim c\Delta t - v\frac{\Delta x}{c}$. Für die Zeit lautet die neue Transformation – im Unterschied zur speziellen Galilei-Transformation – für zwei in Richtung der gemeinsamen x- und x'-Achsen mit der konstanten Relativgeschwindigkeit v bewegte Inertialsysteme: $\Delta t' = \gamma (\Delta t - v/c^2 \cdot \Delta x)$ mit $\gamma =$

---

[1] In der Physik bedeutet der Ausdruck der Umgangssprache „Ereignis" die Angabe eines Ortes und eines Zeitpunktes.

$(1 - v^2/c^2)^{-1/2}$. Dadurch wird das Additionsgesetz von Geschwindigkeiten so abgeändert, daß die Vakuum-Lichtgeschwindigkeit c in allen Inertialsystemen dieselbe bleibt (vgl. Mathematischer Anhang). Für die Raumkoordinaten x, y, z lautet die Lorentz-Transformation $\Delta x' = \gamma(\Delta x - v \cdot \Delta t)$, $\Delta y' = \Delta y$, $\Delta z' = \Delta z$. Für langsame Bewegung (v/c ≪ 1) stimmen die Lorentz-Transformationen mit den Galilei-Transformationen überein.

2.3 Raum-Zeit-Diagramm

Wir stellen die Transformation zwischen Inertialsystemen nun graphisch dar. Vieles von dem, was wir in Kapitel 6 als Geometrie der Raum-Zeit kennenlernen werden, kann schon dadurch richtig beschrieben werden, daß zur Vereinfachung statt der drei räumlichen Dimensionen nur eine einzige beibehalten wird. Dies soll im folgenden geschehen. Wir betrachten eine Aufeinanderfolge von „Schnappschüssen" eines bewegten Massenpunktes und fügen sie in einem Schaubild, dem sog. *Raum-Zeit-Diagramm*, aneinander. Dazu tragen wir in einem Achsenkreuz nach oben die Zeit auf, genauer die Größe $c \cdot t$, eine Länge (c ist die Vakuum-Lichtgeschwindigkeit). Nach rechts verläuft die x-Achse der Raumkoordinaten; x hat ebenfalls die Dimension einer Länge. Ein Punktteilchen, das an einem festen Ort mit der Ortskoordinate x_1 ruht, wird in diesem Raum-Zeit-Diagramm durch eine Parallele zur Zeitachse durch den Wert x_1 auf der x-Achse dargestellt (siehe Abb. 1). Wenn die Zeit fortschreitet, so „durchläuft" der Massenpunkt im Raum-Zeit-Diagramm diese Gerade, die seine „Weltlinie" genannt wird. (In der Wirklichkeit bleibt er am Punkt x_1 sitzen.) Wenn der Massenpunkt sich mit einer konstanten Geschwindigkeit v vom Ursprung des Achsenkreuzes wegbewegt, so wird seine Bahn durch eine Gerade durch den Punkt x_1 beschrieben, die einen Winkel ϕ mit der ct-Achse bildet, der sich aus $\operatorname{tg}\phi = v/c$ bestimmt (siehe Abb. 1). Die Raum-Zeit-Diagramme sind wohl „die sonderbaren, geheimnisvollen Figuren", über die sich der Romancier Alfred Döblin in den 20er Jahren im *Berliner Tageblatt* entrüstete.

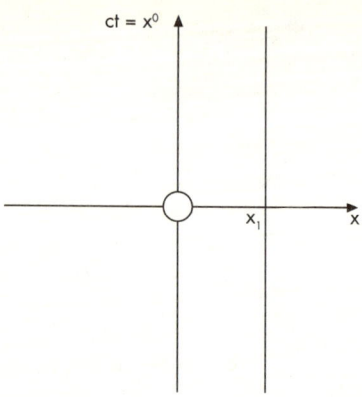

Abb. 1: Raum-Zeit-Diagramm. Die Parallele zur x^0-Achse ist die Weltlinie des bei x_1 ruhenden Teilchens.

Die Diagonalen der Quadranten spielen eine besondere Rolle. Sie werden durch die Gleichungen $ct = x$ bzw. $ct = -x$ gegeben. Das bedeutet, daß diese Geraden Bahnen von Teilchen darstellen, die sich mit der Geschwindigkeit $+c$ oder $-c$ bewegen (tg$\pi/4 = 1$.) Das können nur die Lichtquanten oder Photonen sein oder, in klassischer Deutung (geometrische Optik), die geradlinigen Bahnen von Lichtsignalen, die vom Ursprung ausgehen. Das aus beiden Diagonalen zusammengesetzte Gebilde heißt *Lichtkegel*, da es einen Kegel darstellt, wenn wir die weiteren Raumdimensionen hinzunehmen, also x durch den Abstand $d = (x^2 + y^2 + z^2)^{1/2}$ ersetzen. Die Hälfte des Lichtkegels mit Werten $t > 0$ heißt *Zukunfts*kegel, die andere Hälfte für $t < 0$ *Vergangenheits*kegel. Signale vom Ursprung, die sich auf dem Zukunftskegel oder in seinem Inneren bewegen, können zukünftige Ereignisse beeinflussen; Signale, die sich im Inneren des Lichtkegels fortpflanzen, also durch Geraden durch den Nullpunkt zwischen den Diagonalen dargestellt werden, entsprechen Bahnen von Teilchen mit Unterlichtgeschwindigkeit. Werden *jetzt* und *hier* durch den Ursprung gegeben, so kann uns demnach nur Information aus dem Innern des Vergangenheitskegels oder auf dem Kegel

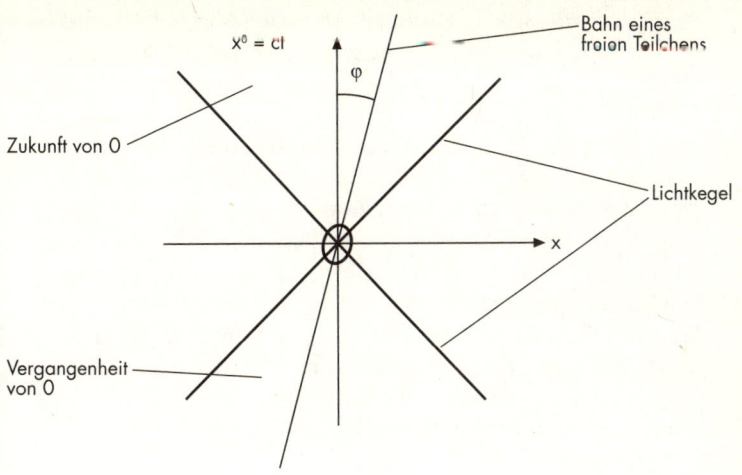

Abb. 2: Lichtkegel und Weltlinie eines freien Teilchens.

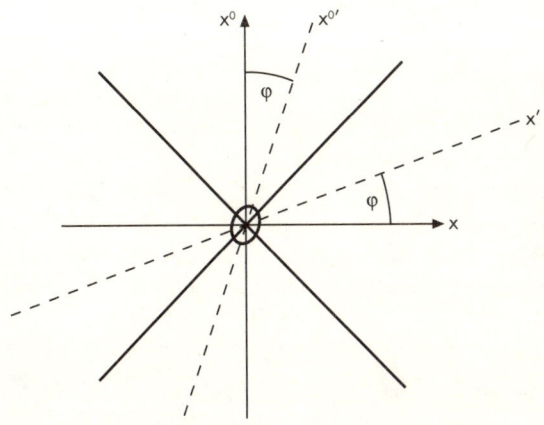

Abb. 3: Lorentz-Transformation im Raum-Zeit-Diagramm.
Die um den Winkel ϕ nach innen geklappten Achsen stellen die Achsen des bewegten Bezugssystems dar.

selbst beeinflussen. Der große Bereich außerhalb des Lichtkegels wird „Anderswo" (in bezug auf den Ursprung) genannt (Abb. 2).

Den Übergang von einem Inertialsystem I zu einem anderen I' können wir in einem Raum-Zeit-Diagramm einfach darstellen. Die neue Zeitachse (t') muß innerhalb des Lichtkegels von I liegen, da sie mit dem Bild der Bahn eines im Ursprung von I' ruhenden Massenpunktes zusammenfällt. Sie bildet also einen bestimmten Winkel ϕ mit der Zeitachse (t) von I. Ziehen wir eine Gerade durch den Ursprung von I mit dem gleichen Winkel zur Raumachse (x) von I, so ist sie die Raumachse (x') des neuen Inertialsystems I' (siehe Abb. 3). Das folgt aus der Symmetrie der Lorentz-Transformation gegenüber Vertauschung der Koordinaten x und $c \cdot t = x^0$.

3. Gleichzeitigkeit und Kausalität

Wie ein Raumfahrer jenseits des Pluto seine Uhr stellt

Nach einer nächtlichen Wanderung durch den Bergwald haben wir den Gipfel des Feldbergs erreicht. Ganz allmählich hellt es sich auf. *Jetzt* schiebt sich der rote Rand der Sonne über den Horizont der Schwarzwaldberge: Die Sonne geht auf. Was bedeutet dieses Jetzt? Ist es ein Jetzt für die Menschen überall in Deutschland, in Europa, in der Welt? *Jetzt* bedeutet auf meiner Uhr 4 Uhr, 20 Minuten, 23 Sekunden. Ich greife zum „Handy" und wecke Freund Konrad in Wesel: „Ein herrlicher Sonnenaufgang! Wieviel Uhr ist es bei Euch?" Mit einem mühsam unterdrückten Fluch antwortet er: „Bist Du verrückt geworden? 4 Uhr 20!" Jetzt bedeutet also für ihn, daß seine Uhr dieselbe Zeit wie meine auf dem Feldberg anzeigt, oder jedenfalls so ungefähr, denn das Telefonsignal brauchte auch eine gewisse Zeit, um die 450 Kilometer Luftlinie hin und zurückzugehen. Bei einer Signalgeschwindigkeit von (höchstens) 300 000 km/s also etwa drei Tausendstel einer Sekunde. Innerhalb der Genauigkeit unserer Armbanduhren ist das „gleichzeitig". Anders wäre es, wenn wir mit einem Astronauten auf dem Mond telefonieren würden; bei einem Abstand Erde-Mond von ca. 380 000 km (ein Mittelwert!) dauert es schon über zwei Sekunden, bis die Antwort hier ankommt. Das merken die Sprechenden. Wenn wir schließlich mit jemandem in Sonnenentfernung telefonieren wollten, bräuchte das Gespräch jeweils ca. 8 Minuten für jeden Weg. Bei einem Telefongespräch zum nächsten Stern würden schon 8 Jahre vergehen, bis die Antwort hier einträfe. Das ist keine Zukunftsmusik, denn gerade solche Signale müssen zu den Raumsonden geschickt werden, mit denen unser Planetensystem gegenwärtig erforscht wird. Um eine Kurskorrektur durch Einschalten des Raketenantriebs der Sonde zu einer bestimmten Zeit durchführen zu können, muß das Signal unter Umständen Stunden vorher auf der Erde abgehen. Zum äußersten Planeten Pluto in einer Entfernung von $5{,}91 \cdot 10^9$ km ist die Information rund 5,5–6 Stunden unterwegs. Weiter als in einer Entfernung von 7–8 Stunden Signallaufzeit ist bisher keine auf der Erde gestartete Raumsonde aktiviert worden, da ihre Meßinstrumente dann zu wenig Sonnen-Energie erhalten, um noch vernünftig arbeiten zu können.

3.1 Uhrenvergleich

Es ist also klar, daß wir ein Problem mit dem Uhrenvergleich haben, wenn sich die Uhren in astronomischer Entfernung voneinander befinden. Ohne eine Verabredung zwischen den Uhrenbeobachtern läßt sich das *Jetzt* oder die Gleichzeitigkeit nicht überprüfen. Der naheliegende Einwand, daß die hier genau gestellte Uhr auf die Reise zum fernen Stern geschickt werden könne, setzt voraus, daß der Uhrengang sich während des Transportes *nicht* ändert. Gerade das ist aber *nicht* der Fall: Der Uhrengang hängt von der Geschwindigkeit der transportierten Uhr ab, und auch vom Gravitationsfeld, durch das hindurch die Uhr befördert wird. Darauf wird in den Kapiteln 4, 6 und 8 eingegangen. Wichtig ist das bei hohen Geschwindigkeiten und starken Gravitationsfeldern. Außerdem ist die Methode des Uhrentransportes nur eine andere Art der Vereinbarung, wie denn Gleichzeitigkeit von Uhren an *verschiedenen Orten* definiert und dann überprüft werden kann. Sie ist nicht praktischer als das Hin- und Hersenden von Lichtsignalen, denn die Geschwindigkeit unserer Raketen ist viel kleiner als die Lichtgeschwindigkeit. Es würde also noch viel länger dauern, bis Übereinkunft über die Zeitanzeige hergestellt ist. Daß irgendeine Übereinkunft getroffen werden muß, ist offensichtlich, wenn wir davon ausgehen, daß die Geschwindigkeit jedes möglichen Signals *endlich* ist. Stünde ein Signal mit unendlicher Ausbreitungsgeschwindigkeit zur Verfügung (wie in der Newtonschen Mechanik angenommen), so würde das Problem der Herstellung von Gleichzeitigkeit in verschiedenen Gegenden der Welt erst gar nicht auftreten.

Als Beispiel für ein sich anscheinend augenblicklich ausbreitendes Signal sei folgende Situation betrachtet. Es sei ein langer Stab aus äußerst hartem Material genommen, etwa eine Eisenbahnschiene. Ein Schlag gegen ihr Ende in Richtung der Schiene müßte das andere Ende *momentan* bewegen. Diese Vorstellung des sog. „starren Körpers" ist jedoch eine nur für kleine Entfernungen (und für Uhren mit geringer Genauigkeit) akzeptable *Näherung*: Die Komprimierung des Schienenendes durch den Schlag pflanzt sich als elastische Welle (Schall!) mit *endlicher* Geschwindigkeit in der Schiene fort, so daß eine gewisse Zeit vergeht, bis die Verdichtung das andere Schienenende erreicht. Ein starrer Körper in dem Sinne, daß Signale sich in ihm mit unendlich großer Geschwindigkeit ausbreiten könnten, ist bisher nicht gefunden worden.

Um einem Mißverständnis vorzubeugen: Wir müssen unterscheiden zwischen der Notwendigkeit, Uhren zu synchronisieren und ihrer konkreten Zeitanzeige. Alle Uhren auf der Erde sind synchronisiert und zeigen doch verschiedene Zeiten in den verschiedenen Erdteilen an. Das ist reine Konvention. Im Prinzip könnten alle Uhren auf der Erde auf dieselbe Zeitanzeige eingerichtet werden. Das wäre aber unpraktisch, weil dann dieselbe Zeitanzeige ganz verschiedene Stellungen der Sonne (Mittag beim einen, Mitternacht beim anderen) bedeutete. Auch gäbe es Schwierigkeiten für das Kalenderdatum wegen der 24-Stunden-Periodizität der Uhrenanzeige.

Wie stellt denn nun der Raumfahrer jenseits des Pluto seine Uhr? Er sendet zur Zeit t_1 ein Signal zur Erde, das dort reflektiert wird und zur Zeit t_2 zurückkommt. Mit einem zweiten Signal erfragt er von der Bodenstation auf der Erde die Zeit t_E, zu der sein erstes Signal dort angekommen war. Dann stellt er seine Uhr so, daß $t_E = 1/2(t_1 + t_2)$. Das Verfahren setzt voraus, daß die Signalgeschwindigkeit auf dem Hin- und Rückweg zur Erde dieselbe ist und daß der Raumfahrer während der Signallaufzeit relativ zur Erde ruht. Letzteres ist natürlich nicht der Fall, muß also mit Hilfe weiteren Signalaustausches in das Synchronisierungsverfahren eingerechnet werden. Die Synchronisierungsvorschrift selbst ist aber für ruhende wie gegeneinander bewegte Uhren die gleiche: Die Unveränderlichkeit der Lichtkugeln, das heißt der Flächen gleicher Phase der von einem Zentrum auslaufenden Lichtwellen, unter Lorentz-Transformationen garantiert dies (siehe Abb. 4).

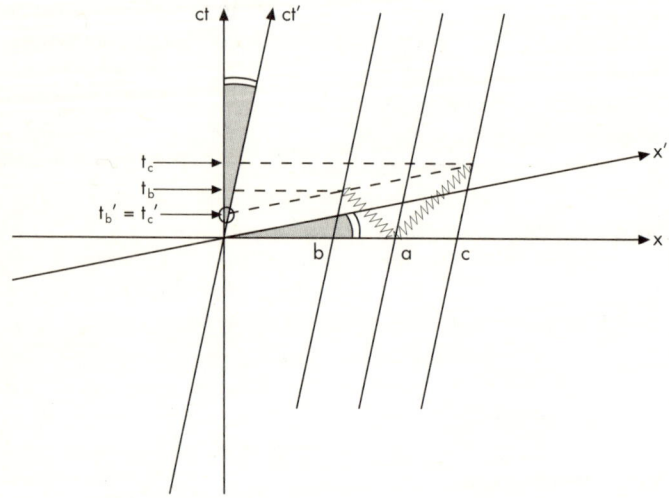

Abb. 4: Uhrensynchronisation. Die Geraden durch a, b und c stellen die Weltlinien von drei mit derselben Geschwindigkeit bewegten Punktmassen (Beobachter) dar. Die gewellten Linien bilden Lichtsignale ab, die von a zu den Beobachtern b, c gehen. Die Verbindungslinie der Schnittpunkte ist parallel zur neuen Gleichzeitigkeitsachse.

3.2 Kausalität

Aus der Lorentz-Transformation für ein Zeitintervall $\Delta t' = \gamma(\Delta t - v/c^2 \cdot \Delta x)$ ergibt sich folgendes: Zwei *gleichzeitige* Vorgänge ($\Delta t = 0$) an *verschiedenen* Orten ($\Delta x \neq 0$) im Inertialsystem I sind im Inertialsystem I' *nicht* gleichzeitig, da $\Delta t' \neq 0$. Gleichzeitigkeit hängt also vom Bewegungszustand des Beobachters ab; nur für relativ zueinander *ruhende Uhren* bleibt der absolute Gleichzeitigkeitsbegriff der Newtonschen

Theorie bestehen. Wird die Binsenweisheit „Die Wirkung tritt nach ihrer Ursache ein", also das Kausalitätsprinzip, davon berührt? Wir identifizieren Kausalität in der Regel mit der Zeitordnung, also mit der Abfolge „früher" – „später". Aus einem *positiven* Δt im Inertialsystem I sollte in allen anderen Inertialsystem ein ebenfalls positives $\Delta t'$ herauskommen. Denn *negatives* $\Delta t'$ würde bedeuten, daß Zukunft und Vergangenheit vertauscht sind. Nehmen wir einmal an, daß die Relativgeschwindigkeit v der Inertialsysteme nie größer als die Vakuum-Lichtgeschwindigkeit c sei. Das ist vernünftig, denn wie sollen die massiven Körper, aus denen die Inertialsysteme konstruiert sind, auch nur annähernd die Lichtgeschwindigkeit erreichen? (Vgl. dazu Abschnitt 4.3.) Positives Δt kann aber genau dann in negatives $\Delta t'$ transformiert werden, wenn $\frac{\Delta x}{\Delta t}$ *größer* als c ist. $\frac{\Delta x}{\Delta t}$ können wir als die „Geschwindigkeit der Wirkung" auffassen, die sich zwischen den beiden durch Δt und Δx getrennten Ereignissen ausbreitet. Damit ist klar, daß die Zeitordnung umgedreht werden könnte, wenn es Signale gäbe, deren Ausbreitungsgeschwindigkeit größer als die Lichtgeschwindigkeit ist. Niemand hat aber bisher beobachtet, daß die Vergangenheit zur Zukunft werden kann. Das sollte auch auf den Feuilletonseiten einer überregionalen deutschen Zeitung akzeptiert werden, in denen noch Ende 1996 Einstein als Garant dafür zitiert wird, daß die Unterscheidung zwischen Vergangenheit und Zukunft eine Illusion sei.

Einstein *forderte* zur Aufrechterhaltung der Kausalität, daß es keine Signale mit Überlichtgeschwindigkeit geben darf (Kausalitätsprinzip). Bisher ist kein solches beobachtet worden, auch wenn in der Tagespresse infolge eines Mißverständnisses schon von der Übertragung einer Mozartsymphonie mit Überlichtgeschwindigkeit die Rede war. Manchmal wird von Teilchen gesprochen, den *Tachyonen*, die sich nicht langsamer bewegen können als mit Lichtgeschwindigkeit. Solche Teilchen sind nicht beobachtet worden und können auch in der Zukunft nicht gefunden werden – solange das Kausalitätsprinzip besteht, weil sie es verletzen, wenn sie mit gewöhnlicher Materie wechselwirken.

4. Folgen für die Physik

Lang – kurz, schwer – leicht, rot – blau, jung – alt: Hängt denn alles vom Beobachter ab?

Wenn Beobachter zueinander sehr schnell bewegt sind, so wirken sich die Unterschiede der Gleichzeitigkeitsmessungen in ihren Bezugssystemen deutlich aus. Sie einigen sich zunächst weder darüber, welche Gangraten ihre Uhren und welche Längen ihre Maßstäbe messen, noch darüber, welche Farbe und Form Körper haben. Aber sie können ihre Meßresultate ineinander umrechnen.

4.1 Längenkontraktion und Zeitdilatation

Nehmen wir als erstes Beispiel die Länge eines Stabes. Darunter verstehen wir seine *Ruhlänge*, also die Länge, die ein relativ zu ihm ruhender Beobachter feststellt. Folgende Meßvorschrift gilt: Vergleiche die Positionen von Anfang und Ende des Stabes *zur gleichen Zeit* mit den Marken eines Metermaßes. Die Betonung liegt in diesem Zusammenhang auf der gleichzeitigen Ablesung. Wir wissen ja schon, daß gegeneinander bewegte Beobachter Ereignisse, die in einem Bezugssystem gleichzeitig sind, im anderen mit ihren Uhren als *nicht* gleichzeitig messen.

Das Resultat ist, daß der Beobachter oder die Beobachterin im bewegten System eine von der Relativgeschwindigkeit abhängende *Verkürzung* der Länge der Strecke feststellt. Diesen Effekt nennen wir *Längenkontraktion*. Längenkontraktion bedeutet nicht, wie manchmal behauptet wird, daß sich die Moleküle längs der Strecke infolge der Bewegung zusammendrängen. An der Ruhlänge der Strecke ändert sich nichts. Längenkontraktion heißt, daß die Zuordnung der Zahl „Länge" vom Bewegungszustand des Beobachters abhängt. Vergleichen wir mit einer anderen Situation, der Lichtbrechung. Ein Stab im Wasser sieht unterhalb der Oberfläche abgeknickt und verkürzt aus. Niemand würde auf die Idee kommen, daß sich die Länge des Stabes geändert hat. Das Ergebnis der Beobachtung ist eben verschieden, je nachdem, ob der Stab in einem Medium mit oder ohne starke Lichtbrechung betrachtet wird.

Im folgenden sei angenommen, daß an *jedem* Ort des Raumes und zu *jeder* Zeit Beobachter mit baugleichen Uhren und starren Maßstäben vorhanden sind. In einem Bezugssystem I wird ein Zeitintervall durch Ablesung von zwei aufeinanderfolgenden Zeigerstellungen $t_2 \geq t_1$ einer Uhr an *einem* Ort mit Koordinaten $x_2 = x_1 = x$ oder $\Delta x = 0 = x_2 - x_1$ bestimmt. $\Delta t = t_2 - t_1$ entspricht im relativ dazu mit der Geschwindigkeit v bewegten System zwei Ereignissen t'_1, t'_2, die durch Zeit- *und* Raumintervalle voneinander getrennt sind mit $\Delta t' = t'_2 - t'_1 \neq 0$, und $\Delta x' = x'_2 - x'_1 \neq 0$! Das bedeutet, daß zum Vergleich von x'_2 und x'_1 mit Meßmarken in diesem System *zwei* Uhren an diesen *verschiedenen* Positionen benutzt werden müssen. Die Synchronisierung von Uhren geht demnach notwendig in die Meßvorschrift für die Längenmessung ein.

Die Abhängigkeit der Gleichzeitigkeit vom Bewegungszustand wirkt sich direkt auf die Messung von Zeitintervallen aus: Wir finden, daß das Zeitintervall $\Delta t'$ größer ist als das Zeitintervall $\Delta t : \Delta t' = \gamma \Delta t$. Die Uhren im bewegten System gehen langsamer, wenn sie mit denen im unbewegten System verglichen werden. Wegen der Gleichberechtigung der Inertialsysteme gilt das für jedes: Wir sehen die relativ zu uns bewegte Uhr langsamer gehen.

Dieser Effekt heißt *Zeitdilatation* (vgl. Abb. 5). Er ist empirisch sehr gut bestätigt, wie aus dem nächsten Abschnitt hervorgeht. Für alltägliche Geschwindigkeiten ist der Effekt allerdings winzig: Für einen 60stündigen Flug um die Erde mit der *Concorde* bei einer Geschwindigkeit von ca. 10^3 km/h würde die fliegende Uhr um den zehnmillionsten Teil einer Sekunde nachgehen. Die Zeitdilatation ist *nicht* von der *Richtung* der Relativgeschwindigkeit der Uhren beeinflußt, da sie von ihrem Betragsquadrat abhängt.

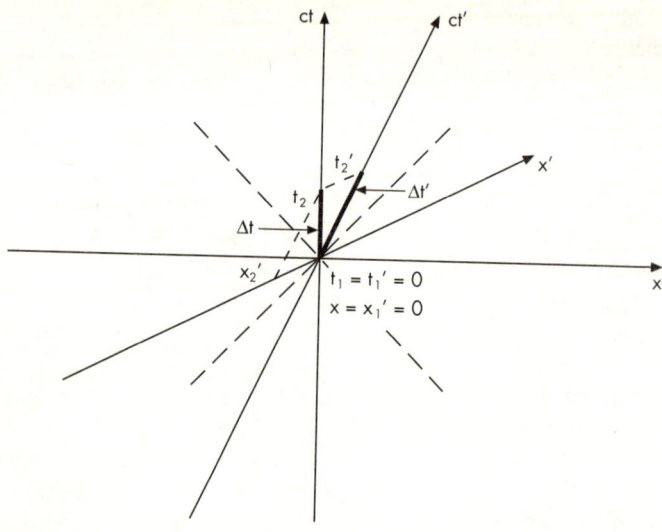

Abb. 5: Zeitdilatation. Die Parallele zur x'-Achse durch den Endpunkt des Zeitintervalls Δt schneidet auf der t'-Achse das Zeitintervall $\Delta t'$ aus.

4.2 Dopplereffekt und Zwillingsparadoxon

Eine naheliegende Anwendung der geschilderten Effekte fällt in das Gebiet der Spektroskopie. Die von energetisch angeregten Atomen ausgehende Strahlung, die wir über die Abbildung eines Spaltes mit Hilfe von Linsen als Spektrallinien beobachten, sind in Richtung auf den lang(kurz-)welligen, roten (blauen) Bereich des Farbspektrums verschoben, wenn sich die Atome vom Beobachter *weg*bewegen (bzw. auf ihn zu). Das können wir so verstehen: Bewegt sich die dauernd strahlende Lichtquelle mit der Geschwindigkeit v auf uns zu, so hat von zwei aufeinanderfolgenden Intensitätsmaxima, denen in der Zeit das Intervall Δt entspricht, das uns nähere eine kürzere Wegstrecke $\frac{\Delta t \cdot v}{c}$ zurückzulegen als das fernere. Das für uns maßgebende effektive Zeitintervall zwischen den Intensitätsmaxima ist also $\Delta t - \frac{\Delta t \cdot v}{c}$. Berücksichtigen wir nun noch die Zeitdilatation, so ergibt sich die Beziehung $\Delta t' = \gamma \Delta t$

($1 - v/c$). Da die Frequenz umgekehrt proportional zum Zeitintervall ist, haben wir die Formel für den *Doppler*effekt gewonnen. Für kleine Geschwindigkeiten der Lichtquelle in Sichtrichtung zeigt sich, daß die relative Wellenlängenänderung $\frac{\Delta\lambda}{\lambda}$ proportional ist zu v/c, also zum Verhältnis der Relativgeschwindigkeit v von Lichtquelle und Beobachter zur Vakuum-Lichtgeschwindigkeit c (*longitudinaler* Effekt; vgl. Mathematischer Anhang). Bewegt sich die Lichtquelle senkrecht zur Sichtrichtung, so hat der Dopplereffekt die Größenordnung $(\frac{v}{c})^2$ (sog. *transversaler* Effekt). Im Unterschied zur Zeitdilatation ist der longitudinale Dopplereffekt von der Richtung der Relativgeschwindigkeit zwischen Quelle und Beobachterin abhängig.

Was sich hier im Bereich des Lichtes bzw. der elektromagnetischen Strahlung ereignet, kennen wir im Alltagsgeschehen aus dem Hörbereich: das Anschwellen bzw. die Absenkung der Tonhöhe (oder Frequenz) des Sirenensignals eines schnell vorbeifahrenden Fahrzeugs. Dieser Effekt ist nach Christian Doppler (1803–1853) benannt, der ihn als Mathematiklehrer in Chemnitz 1842 ableitete und auf Doppelsterne anwenden wollte. Die Farbe eines Gegenstandes ist demnach für einen Beobachter, relativ zu dem er sich sehr schnell bewegt, eine andere: eine rot gestrichene Rakete, die auf ihn zuschießt, könnte blau aussehen – wenn sie denn so schnell fliegen könnte. Elementarteilchen, die dazu in der Lage sind, können nicht eingefärbt werden. Wenn ein im sichtbaren Bereich des Spektrums in Ruhe befindliches strahlendes Objekt sich nur schnell genug gegenüber der Beobachterin bewegt, so kann die Strahlung sogar in den für ihr Auge unsichtbaren Spektralbereich verschoben sein.

Allerdings wird die Photographie eines solch schnellen Objektes nicht nur eine falsche Farbe zeigen, sondern auch ein *verzerrtes* Bild liefern: Das Licht, das *zur selben* Zeit auf den Film einwirkt, muß wegen der endlichen Ausbreitungsgeschwindigkeit an verschieden weit vom Film entfernten Punkten des Objektes zu *verschiedenen* Zeiten abgegangen sein. Während der Zeitdifferenz hat sich der Körper aber weiterbewegt. Hinzu kommt der Effekt der Längenkontraktion. Die Art der Abbildung spielt ebenfalls mit herein. Im einfachsten Fall der Parallelprojektion erscheint der Gegenstand um einen Winkel gedreht, dessen Tangens in niedrigster Näherung proportional zu v/c ist. Damit kann ein Stück der *Rückseite* eines auf uns zukommenden Objektes sichtbar werden.

Schließlich sehen wir einen gegen den Beobachter sehr schnell bewegten Körper auch nicht in derselben *Richtung* (relativ zu einer festen Vergleichs-Richtung) unter der er bei relativer Ruhe gesehen würde, sondern gekippt. Dieses Phänomen heißt *Aberration*. Der Tangens des Kippwinkels ist gleich $\frac{v}{c}$ und schon 1728 von dem Pfarrer und Astronomen James Bradley (1692–1762) an Sternen beobachtet worden. Aus der Anwendung der Lorentz-Transformation auf die Beschreibung einer ebenen elektromagnetischen Welle ergeben sich Potenzen von $\frac{v}{c}$ als Zusatzterme.

So interessant diese relativistischen Effekte sind, so absurd ist es, sie zu pädagogischen Zwecken mit bewegten Stangen, Bulldozern, Flugzeugen oder Videos, auf denen superschnelle Autos durch das Brandenburger Tor schießen, zu illustrieren. Makroskopische Körper können nicht auf so hohe Geschwindigkeiten gebracht werden, daß sich die Effekte bemerkbar machen, da die träge Masse mit zunehmender Geschwindigkeit wächst. Das sehen wir im nächsten Abschnitt. In der gegenwärtigen Erfahrung treten relativistische Geschwindigkeiten – abgesehen von den elektromagnetischen Signalen – im Bereich der Elementarteilchen oder der in Atomen am engsten gebundenen Elektronen auf, und die Folgerungen der Relativitätstheorie sind dort auch bestens bestätigt worden. Relativistische Effekte kommen auch in der alltäglichen Erfahrung bei genauen Zeit- oder Raummessungen vor (GPS-System, vgl. Kapitel 5).

Mit Hilfe des Dopplereffektes läßt sich auch das sogenannte *Zwillingsparadoxon* auflösen, das in den 20er Jahren die Öffentlichkeit beschäftigte. Ein Zwilling eines Paares macht eine Reise mit einem Raumfahrzeug, das eine zeitlang sehr schnell geradeaus fliegt, dann die Richtung wechselt und zurückkehrt. Betrug die Geschwindigkeit des reisenden Zwillings $v = (1/2)\sqrt{3} \cdot c$ und zeigte die mitgeführte Uhr eine Reisezeitdauer von 10 Jahren an, so hat der zurückgebliebene 20 Jahre verstreichen sehen. Die Analyse von kontinuierlich während der Reise hin- und hergesandten Signalen ergibt mit Hilfe von Dopplereffekt und Längenkontraktion, daß *beide* Zwillinge darin übereinstimmen, daß der Reisende jünger geblieben ist. Dabei ist angenommen, daß die die Lebenszeit messende „biologische" Uhr sich wie eine physikalische Uhr verhält. Für die mit den gegenwärtigen Raumfahrzeugen erreichbaren Geschwindigkeiten ist der Effekt unmeßbar klein, und das wird auch für die nächsten Generationen von Raumfahrern so bleiben. Ein Gegner Einsteins in den 20er Jahren glaubte, den Effekt mit Schlußfolgerungen zur Lebenszeit eines in einer Schachtel hin und her geschüttelten Käfers lächerlich machen zu können.

4.3 Masse und Energie

Wie die Ruhlänge definieren wir *Ruhmasse* m(0) als die in einem relativ zur Masse ruhenden Inertialsystem gemessene. Von ihr muß die geschwindigkeitsabhängige träge Masse unterschieden werden. Wir werden in Abschnitt 6 sehen, daß beide über den Faktor zusammenhängen, den wir schon bei der Lorentz-Transformation kennengelernt haben: $m = m(0)\gamma$. Da dieser Faktor unbeschränkt anwächst, wenn sich die Geschwindigkeit der Masse der Lichtgeschwindigkeit nähert, müßte zur Beschleunigung einer Masse auf Lichtgeschwindigkeit unbeschränkt viel Energie aufgewendet werden. Die Differenz $\frac{[m - m(0)]}{c^2}$ wird als relativistische Bewegungsenergie definiert, weil sie für $v/c \ll 1$ in die Form der Bewegungsenergie der Newtonschen Theorie übergeht.

Die berühmteste Formel der Welt, auf Postkarten verschickt, in Cartoons verarbeitet, ist Einsteins $E = mc^2$. Dabei ist E der Energieinhalt eines Körpers, $m = m_t$ seine *träge* Masse – nicht die Ruhmasse – und c wie bisher die Lichtgeschwindigkeit; mit der Formel läßt sich die Energie, die in jeder Masse steckt, berechnen. Umgekehrt: Die Energie in einer 12 Volt-Autobatterie, die einen Strom von 81 Ampere während einer 20minütigen Entladung gibt, beträgt ca. $1,5 \cdot 10^6$ Wattsekunden. Das entspricht einer Masse von ca. $1,6 \cdot 10^{-11}$ kg! Wenn jeder Erdenbewohner ein Auto mit einer solchen Batterie besäße, ergäbe die Gesamtenergie aller Batterien ein Massenäquivalent der Größenordnung 100 Gramm.

Wenn sich Elektronen und positiv geladene Atomkerne zu Atomen, Nukleonen wie Proton und Neutron zu Atomkernen, oder Atome zu Molekülen verbinden, so wird jeweils Bindungsenergie frei, die nach der Einsteinschen Formel einem sog. *Massendefekt* entspricht: Die Gesamtmasse der Teile ist größer als die Masse des aus ihnen entstandenen Gebildes. Bei Atomen und Molekülen, also bei chemischen Reaktionen, bleibt dieser Massendefekt unmeßbar klein, während er sich bei Atomkernen deutlich bemerkbar macht. Ein Beispiel bilden die in der Sonne ablaufenden Energie-Erzeugungsprozesse, die in einer ungewissen Zukunft auf der Erde in Fusionsreaktoren nachgeahmt werden sollen. Dabei verschmelzen vier (positiv geladene) Protonen gegen die abstoßende Kraft des elektrischen Feldes zum Atomkern des Edelgases Helium. In diesem Fall ist der relative Massendefekt $\frac{\Delta m_{He}}{m_{He}} \simeq 7,6 \cdot 10^{-3}$, was pro Kern das Freiwerden von ca. $2 \cdot 10^5$ kWh bedeutet.

Bei schweren Atomkernen wird zur Energieproduktion umgekehrt die *Kernspaltung* durch Neutronen ausgenützt, bei der die *Differenz* zwischen der Summe der Bindungsenergien der Spaltstücke (etwa Barium und Krypton) und der Bindungsenergie des Ausgangskerns (etwa Uran 238) positiv ist. Die bei der Spaltung entstehenden Kerne gewinnen über ihre gegenseitige Abstoßung Bewegungsenergie, die als Reibungswärme genutzt werden kann. Im Unterschied zum Kernreaktor wächst bei einer Atombombe die Anzahl der Spaltprozesse pro Sekunde unkontrolliert schnell an, so daß in kürzester Zeit die riesige Energiemenge des Massenäquivalentes in Form von Hitze und Strahlung freigesetzt wird.

Die Äquivalenz von Masse und Energie reicht so weit, daß Ruhmasse vollständig in Strahlungsenergie verwandelt werden kann. Das geschieht etwa bei der Zerstrahlung eines Teilchen-Antiteilchenpaares wie Elektron-Positron oder Proton-Antiproton in γ-Quanten. Auch der umgekehrte Vorgang, die Erzeugung eines Teilchen-Antiteilchenpaares aus Strahlung, ist in der Elementarteilchenphysik wohlbekannt. Im Bereich der klassischen Physik makroskopischer Körper tritt dieses drastische Phänomen nicht auf.

Wie kam denn nun Einstein zu seiner Formel? Er betrachtete ein System aus zwei Massen, von denen die eine elektromagnetische Strahlung aussandte, welche die andere vollständig absorbierte. Gegenüber der weiteren Umgebung sollte dieses System energetisch isoliert sein. Dann berücksichtigte er, daß elektromagnetische Strahlung der Energie E einen Impuls der Größe E/c besitzt, also einen Druck erzeugt, den sog. Strahlungsdruck. Wir kennen ihn von den Crookschen Lichtmühlen, bei denen sich schwarze Plättchen in einem Glasgefäß unter einer Lampe in Schaufenstern von Boutiken drehen. In Abschnitt 1.4 haben wir den Impuls als die einen Massentransport charakterisierende Größe betrachtet. Damit ist anschaulich klar, daß mit der Strahlung träge Masse von der Ausgangsmasse zur anderen befördert wird. In der Tat ergibt eine Rechnung, welche die Erhaltungssätze für Energie, Impuls und Schwerpunkt als gültig voraussetzt, daß der übertragenen Strahlungsenergie eine träge Masse E/c^2 entspricht.

5. Empirische Belege für die Spezielle Relativitätstheorie

Warum Einstein recht hatte

Im Jahr 1972 stellten sich zwei Physiker zwei möglichst direkte Reisen um die Welt mittels der Fahrpläne von Fluggesellschaften zusammen, einmal in west-östlicher Richtung und einmal anders herum. Dann buchten sie, aber für einige Personen mehr, da sie ziemlich viel Gepäck in die Kabine mitnehmen wollten, nämlich vier Cäsium-Atomuhren. Nach Beendigung der Reise verglichen sie die Zeitanzeige der mitgenommenen Uhren mit der einer zurückgebliebenen von gleicher Bauart. Da die Uhren im Flugzeug mit ca. 720 km/h flogen, müßten die Frequenzen ihrer atomaren Schwingungen durch die Zeitdilatation bzw. den Dopplereffekt beeinflußt worden sein. In der Tat stellten Joseph C. Hafele und R. E. Keating – so hießen die Physiker – fest, daß die mitgenommenen Uhren in westlicher Richtung im Mittel um etwa drei Zehnmillionstel Sekunden (= $3 \cdot 10^{-7}$s) *nach* –, ostwärts um ungefähr sechs Hundertmillionstel Sekunden (= $6 \cdot 10^{-8}$s) *vor*gingen. Bei einer Ganggenauigkeit der Uhren von einer Billionstel Sekunde pro Monat läßt sich dies bequem messen. Das unterschiedliche Vorzeichen hängt damit zusammen, daß der Flug einmal *mit* der Erdumdrehung, das andere Mal *gegen* sie erfolgte. Mehrere Uhren wurden mitgenommen, weil eine einzelne winzige, zufällige Gangänderungssprünge haben kann. Wird aus der mittleren Geschwindigkeit und Flughöhe nun der relativistische Effekt errechnet, so zeigt er zwar die richtige Größenordnung, aber nicht den genauen Zahlenwert, den er nach der Theorie haben müßte. Das liegt nicht daran, daß die Spezielle Relativitätstheorie falsch wäre, sondern daran, daß noch ein weiteres Phänomen hinzukommt: die Einwirkung des Schwerefeldes der Erde auf die Uhren. Sie führt zur sog. Gravitationsrotverschiebung von Frequenzen, die wir in Abschnitt 10.1 näher kennenlernen. Nach Berücksichtigung dieses weiteren Effektes stimmten die beobachteten Werte mit der Theorie innerhalb des allerdings sehr großen Fehlers überein. Aber der Transport von Uhren als Handgepäck sollte kein Präzisions-Experiment sein, sondern eines, das manche von uns mit geeigneter Ausrüstung machen könnten. Es ist amüsant, daran zu denken, daß in einem Pamphlet gegen Einstein aus dem Jahr 1931 genau dieser nun gemessene Effekt als Argument *gegen* die Spezielle Relativitätstheorie vorgebracht wurde: So etwas Verrücktes könne es doch nicht geben!

Aber auch viele Präzisions-Experimente für die Zeitdilatation und den Dopplereffekt wurden gemacht, eines davon mit Hilfe der Messung der Lebensdauer von Elementarteilchen am Beschleuniger von CERN in Genf. Die Lebensdauer von Myonen, die in Elektronen und Neutrinos zerfallen, wurde im Flug und nach Abbremsung auf Ruhe in einem Material verglichen. Die Zeitdilatation ist so mit einem relativen Fehler von 3 Promille nachgewiesen worden.

Es gibt eine Reihe anderer Anwendungen der Speziellen Relativitätstheorie bei den großen Elementarteilchen-Beschleunigern. In ihnen werden nicht nur Myonen, sondern meistens Elektronen (wie bei DESY in Hamburg) oder Protonen (wie bei CERN in Genf) auf Geschwindigkeiten nahe der Lichtgeschwindigkeit gebracht. Alle diese Elementarteilchen haben eine Ruhmasse. Wir wissen schon, daß ihre träge Masse bei wachsender Geschwindigkeit immer größer wird. Da die Teilchen unter dem Einfluß eines Magnetfeldes auf einer vorgegebenen Bahn in einer Vakuumröhre laufen, müssen sich beide, das Magnetfeld und die zur Beschleunigung gebrauchte Energie, dauernd vergrößern. Ohne Einbeziehung dieses speziell-relativistischen Effektes würden diese Maschinen nicht funktionieren können.

Wenn Elektronen beschleunigt werden, geben sie elektromagnetische Strahlung ab: die Synchrotron-Strahlung. Im Ruhsystem des Elektrons, also in einem mit ihm bewegten, ist diese Strahlung *isotrop*: Keine Ausstrahlungsrichtung ist bevorzugt. Im Labor-System, dem Ruhsystem des Beschleunigers, ist die Strahlung wegen des Aberrationseffektes dagegen völlig um die Bewegungsrichtung der Elektronen konzentriert: Bei einem γ-Faktor in der Lorentz-Transformation von 10 000 beträgt der Durchmesser des Strahlenkegels in 50 Metern Entfernung vom strahlenden Elektron nur einige Millimeter.

Der schwer zu messende transversale Dopplereffekt wurde an der Frequenz von γ-Quanten unter Ausnutzung der Kernresonanzabsorption (Mößbauereffekt) mit der Genauigkeit von ca. 1% bzw. mit Laserabsorptions-Spektroskopie (Zwei-Photonen-Absorption) mit einer relativen Genauigkeit der Größenordnung 10^{-6} bestätigt. Bei der letzteren Methode werden zwei Lichtquanten gleichzeitig von einem Atom absorbiert. Das Experiment wird so eingerichtet, daß diese Photonen entgegengesetzt gerichtet sind und damit der in $\frac{v}{c}$ lineare Anteil des Dopplereffektes herausfällt, der den kleineren des transversalen überdecken würde.

Ein Gerät schon alltäglichen Gebrauchs in der Luft- und Seefahrt, das die Gültigkeit der Speziellen (und auch der Allgemeinen) Relativitätstheorie voraussetzt und das viele Bergsteiger und Vermessungsingenieure dabei haben, ist das GPS-(Global Positioning System-)Taschen-Meßgerät. Die Zeitschrift des Deutschen Alpenvereins hat es für ihre Mitglieder beschrieben. Es besteht aus Empfänger und Rechner und verarbeitet Signale, die 24 Erd-Satelliten in geostationären Positionen aussenden. Wenn vier davon Kontakt mit dem Gerät haben, so kann seine Position und Höhe über dem Meeresspiegel bei einfachen Ausführungen bis auf 20 oder 30 Meter, bei raffinierteren bis auf Dezimeter genau abgelesen werden. Diese Genauigkeit ist nur möglich, weil die Effekte der Zeitdilatation, des Dopplereffektes und der Gravitationsrotverschiebung im Rechnerprogramm berücksichtigt sind. Anderenfalls würde die Positionsbestimmung um Kilometer falsch werden. Hier finden wir also eine nützliche Anwendung der Einsteinschen Theorie für jedermann. Betrüblicherweise ist das Geld für dieses satellitengestützte Vermessungs-System nur deswegen ausgegeben worden, weil Militärs ihre Raketen genau ins Ziel bringen wollen; aus diesem Grund kann es auch jederzeit für den allgemeinen Betrieb gesperrt werden.

Selbst zur Berechnung von Eigenschaften mancher Festkörper, wie etwa Gold, von denen wir nicht vermuten, daß sie irgend etwas mit der Speziellen Relativitätstheorie zu tun haben, wird für die Beschreibung von Elektronen in den Metallatomen mit Vorteil eine relativististische Gleichung, die sog. *Dirac*-Gleichung benutzt. Das hängt damit zusammen, daß die Geschwindigkeit von solchen Elektronen in den relativistischen Bereich kommen kann.

Aus den geschilderten verschiedenartigen Experimenten, mit denen die Spezielle Relativitätstheorie überprüft und mit hoher Genauigkeit als eine Naturvorgänge richtig beschreibende Theorie bestätigt wurde, sehen wir auch, daß die Rede vom *experimentum crucis*, also einem alles entscheidenden Experiment, in der Physik in der Regel unangebracht ist. Bis eine Theorie anerkannt ist, muß ein ganzes Netz von sich gegenseitig stützenden und die Theorie in verschiedener Weise testenden Beobachtungen und Experimenten aufgebaut worden sein.

6. Die Geometrie der Raum-Zeit

Was ist eine vierdimensionale Welt?

Während wir bisher Raum und Zeit zwar als über Lorentz-Transformationen verknüpft, aber als geometrisch separat betrachtet haben (eine Zeit-, drei Raumdimensionen), wollen wir nun die anschauliche Interpretation der Speziellen Relativitätstheorie im Rahmen einer vierdimensionalen Geometrie des Mathematikers Hermann Minkowski (1884–1909) heranziehen. Die Zeit wird formal als eine vierte Koordinate eingeführt und in der entstehenden „Raum-Zeit" ein neues Abstandsmaß definiert. Das bedeutet weder, daß Raum und Zeit nun gleichartig sein sollen, noch daß dem „Raum" eine übersinnliche vierte Dimension zusätzlich zugeteilt wird. Henry More (1614–1687) aus der Platonikerschule der Universität Cambridge hat sich eine vierte, von Geistern bevölkerte Dimension ausgedacht. Auch der durch sein Photometer zur Vermessung von Sternen bekannt gewordene Astrophysiker Johann C. F. Zöllner (1834–1882) in Leipzig spielte – sehr zum Entsetzen seiner wissenschaftlichen Kollegen – mit der Idee einer vierten Raumdimension, in der Knoten entwirrt und Dinge aus versiegelten Schachteln entfernt werden könnten.[1] Mit solchem Schnickschnack hat die Minkowskische „Raum-Zeit" nichts zu tun; sie ist ein gedachter Hilfsraum zur Veranschaulichung, eine Rechenstütze.

---

[1] Heute regen sich theoretische Physiker über zusätzliche Raumdimensionen nicht mehr auf. In Überlegungen, die die fundamentalen Wechselwirkungen in einer einzigen Theorie „vereinheitlichen" wollen, wie in der String- oder Kaluza-Klein-Theorie, treten u. a. 10 bzw. 26 Raumdimensionen auf. Da sie nicht direkt gefunden worden sind, müssen sie durch geeignete Interpretationen unbeobachtet gemacht werden.

6.1 Der Minkowski-Raum

In der neuen Abstandsfunktion D in den vier Dimensionen von Raum und Zeit werden die vorher getrennten Abstandsmaße des Raumes und der Zeit auf eine auf den ersten Blick merkwürdig erscheinende Weise zusammengesetzt: $D^2 = |c^2(\Delta t)^2 - (\Delta x_1)^2 - (\Delta x_2)^2 - (\Delta x_3)^2|$. Für $\Delta t = 0$ bekommen wir den Euklidischen Abstand D = d, für $\Delta x_i = 0$, (i= 1,2,3) die Länge des Zeitintervalls (multipliziert mit c). Wir bemerken aber, daß der neu definierte „Raum-Zeit-Abstand" D verschwinden kann, selbst wenn das Zeitintervall Δt und die Raumintervalle Δx_1, Δx_2, Δx_3 von Null verschieden sind: Es gibt entfernte Ereignisse mit Raum-Zeit-Abstand Null! An der gerade gegebenen Definition von D sehen wir, daß dies genau dann eintritt, wenn $c^2 (\Delta t)^2 = (\Delta x)^2$ gilt (wir haben uns nun auf eine Raumdimension beschränkt). Durch diese Gleichung wird die *Lichtkugel* mit Radius $c\Delta t$ beschrieben: Längs der Bahn von „Lichtstrahlen" ist das Längenmaß in der vierdimensionalen Raum-Zeit immer gleich Null. Die Projektion in den Anschauungs-(Gleichzeitigkeits-)Raum führt aber auf einen von Null verschiedenen Abstand d, wie es sein muß: Wenn ein Lichtstrahl etwa durch staubige Luft kenntlich gemacht ist, läßt sich seine Erstreckung d zwischen verschiedenen Punkten auf seinem Weg natürlich als räumlicher Abstand messen, auch wenn der „Abstand" D in der Raum-Zeit verschwindet (vgl. Abb. 6).

In Abschnitt 2.3 sahen wir, daß die Raum-Zeit durch den Lichtkegel im Ursprung in zwei Bereiche unterteilt wird, die entweder mit ihm kausal verknüpft sind (der Lichtkegel und sein Inneres) oder nicht („Anderswo"). Richtungen innerhalb des Lichtkegels nennen wir *zeit*artig, Richtungen außerhalb *raum*artig und solche auf dem Lichtkegel *licht*artig. Bahnen von Teilchen mit nicht verschwindender Ruhmasse müssen innerhalb des Lichtkegels verlaufen. Raumartige Richtungen verbinden gleichzeitige Ereignisse. Daher können wir das Gebiet außerhalb des Lichtkegels Gleichzeitigkeits-Gebiet des Ursprungs nennen. Für jeden Punkt p aus diesem Gebiet gibt

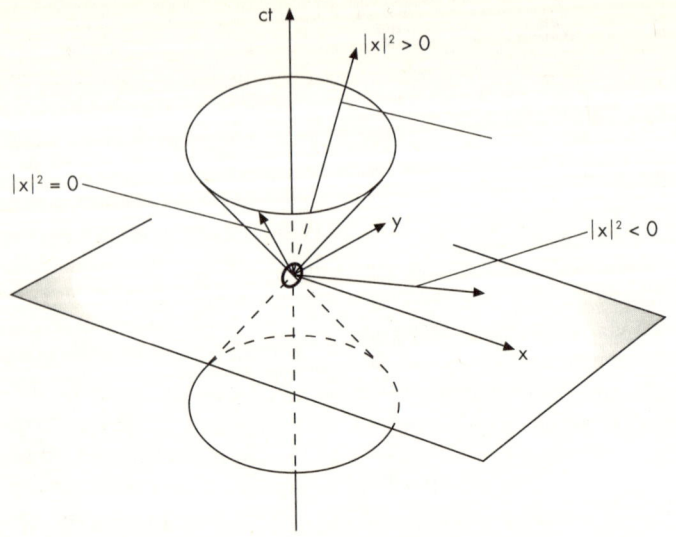

Abb. 6: Raum-Zeit-Charakter von Richtungen im Minkowski-Raum. Die vom Ursprung in das Innere des Lichtkegels gerichteten Vektoren sind die zeitartigen, die in seinen Außenraum gerichteten die raumartigen.

es einen bewegten Beobachter, für den der Ursprung und p gleichzeitige Ereignisse darstellen. Im Raum-Zeit-Diagramm entsprechen die durch den Ursprung gehenden Geraden *außerhalb* des Lichtkegels daher den Gleichzeitigkeits-Räumen. In der *drei*-dimensionalen Welt sind das die Anschauungsräume von gegeneinander mit konstanter Geschwindigkeit bewegten Beobachtern. In der Newtonschen Raum-Zeit-Auffassung ist der allen Beobachtern gemeinsame Gleichzeitigkeits-Raum durch den Ursprung im Raum-Zeit-Diagramm durch die x-Achse dargestellt: Vor- und Nachkegel sind zu je einem Halbraum ($t \geq 0$ bzw. $t \leq 0$) aufgeweitet.

Minkowski-Geometrie und Newtonsche Raum-Zeit-Geometrie sind *beide* in dem Sinne *absolut*, als das Minkowskische Abstandsmaß D im ersten Fall, die Inertialzeit und das Euklidische Abstandsmaß d im zweiten Fall ohne jede Beziehung zur Materie fest vorgegeben sind. Die Auffassungen unterscheiden sich darin, daß Raum und Zeit in der Minkowski-Geometrie miteinander verkoppelt sind, weil Raum- und Zeit*messung* wegen der Uhrensynchronisation nicht mehr unabhängig voneinander ausgeführt werden können. Während in der Newtonschen Mechanik eine Uhr das Inertialzeit-Intervall Δt mißt, lautet die Meßvorschrift für die Zeit in der Speziellen Relativitätstheorie: *Eine beliebig bewegte Uhr misst die Zeit D/c, die sog. Eigenzeit.* Für eine längs der x-Achse bewegte Uhr folgt demnach $D/c = \sqrt{1 - v^2/c^2}$ mit der Geschwindigkeit $v = \frac{\Delta x}{\Delta t}$. Definierten wir die Geschwindigkeit als Zeitableitung des Weges nach der *Eigen*zeit statt nach der Inertialzeit und den Impuls mit der Ruhmasse anstelle der trägen Masse, so tritt im Impuls ein γ-Faktor auf. Schlagen wir ihn zum Massenterm und definieren so die *relativistische* träge Masse, so wird die in Abschnitt 4.3 angegebene Abhängigkeit der Masse von der Geschwindigkeit verständlich (vgl. Mathematischer Anhang).

6.2 Anwendungen der Raum-Zeit-Formulierung

Für die Bezeichnung eines Punktes im Minkowski-Raum hat sich der Name „Ereignis" eingebürgert: Zu einer Zeit, an einem Ort geschieht etwas. Das ist aber ein sprachlicher Mißgriff: Das Geschehen, etwa ein Lichtblitz oder ein Zusammentreffen von Massen, ist nicht in den Koordinaten der Raum-Zeit enthalten, sondern muß durch zusätzlich eingeführte Größen beschrieben werden. Entsprechend zu den Verhältnissen im Euklidischen Raum wird nun eine Vektorrechnung im Minkowski-Raum benutzt: Dabei haben die sog. *Vierervektoren* vier Komponenten. Der Ortsvektor mit den Komponenten (ct, x_1, x_2, x_3) wird aus den Raumkoordinaten und der Zeit gebildet, so daß das Quadrat seiner Norm gerade mit dem Minkowskischen Abstandsmaß übereinstimmt.[1] Ein Ereignis wird durch einen Ortsvektor charakterisiert. Die Änderung

---

[1] Die Norm $\|X\|$ eines Vektors ist die „Länge" des ihn darstellenden Vektorpfeils.

des Orts(Vierer-)vektors nach der Eigenzeit ist die Vierer-Geschwindigkeit. Analog können Energie E und Impuls **p** = (p_1, p_2, p_3) eines Körpers zu einem Vierervektor, dem *Viererimpuls* mit Komponenten (E/c, p_1, p_2, p_3) zusammengefügt werden, dessen Norm *mirabile dictu* gerade die Ruhmasse m(0)c ist, wenn der Viererimpuls als Ruhmasse mal Vierer-Geschwindigkeit angesetzt ist. In einem Energie-Impuls-Diagramm analog zum Raum-Zeit-Diagramm liegen alle zu einer festen Ruhmasse gehörenden, vom Ursprung abgetragenen Viererimpulse auf einem zweischaligen Hyperboloid, der *Massenschale*. Setzen wir für E die Einsteinsche Formel $E = m_t c^2$ und für den Impuls seine Definition „träge Masse mal Geschwindigkeit" ein, so folgt nach einer einfachen Rechnung aus der Beziehung für die Norm des Viererimpulses erneut die in Abschnitt 4.3 angegebene Relation zwischen träger Masse und Ruhmasse.

Die Beschreibung elektromagnetischer Vorgänge vereinfacht sich erheblich, wenn elektrisches Feld **E** und magnetische Induktion **B** zu einer einzigen Größe mit sechs Komponenten verschmolzen werden. Als Minkowski die Raum-Zeit-Formulierung gerade entdeckt hatte, wurde diese Größe „Sechser-Vektor" genannt; diese Darstellung wird heute nicht mehr benutzt. Stattdessen dient jetzt eine schiefsymmetrische, quadratische Matrix mit vier Zeilen und vier Spalten mit ihren sechs von Null verschiedenen Komponenten, der sog. *Feldstärke-Tensor*, zur beobachterunabhängigen Beschreibung des elektromagnetischen Feldes. Es ist das Objekt, das sich unter Lorentz-Transformationen richtig transformiert. In dieser Formulierung sind die Grundgleichungen des elektromagnetischen Feldes, die nach vielen Jahrzehnten intensiver Forschung schließlich von James Clerk Maxwell (1831–1879) vervollständigt wurden, die einfachst denkbaren relativistischen Gleichungen. Obgleich zu Maxwells Zeit niemand etwas von der Speziellen Relativitätstheorie ahnte. Hinterher sind wir immer klüger! Wir wissen jetzt sogar, wie die Gleichungen erweitert werden müßten, wenn *magnetische* Punktladungen, die sog. *magnetischen Monopole*, von den Experimentalphysikern nachgewiesen würden. Nach einigen, allerdings sehr spekulativen Theorien, sollen solche Teilchen im frühen Kosmos in großen Mengen vorgekommen sein.

Die Verknüpfung von elektrischem Feld und magnetischer Induktion zu *einem* Objekt, dem elektromagnetischen Feldstärketensor, spiegelt die Zusammenfassung der elektrischen und magnetischen Phänomene zu einer *einheitlichen* Beschreibung wider. Dies gilt als ein Paradebeispiel für die Zurückführung von zunächst als verschieden betrachteten Gebieten (Elektrizität, Magnetismus) auf eine grundlegende Theorie (Theorien-Reduktionismus).

Die Spezielle Relativitätstheorie findet nicht nur in der klassischen Mechanik und Elektrodynamik ihre Anwendung, sondern insbesondere in der relativistischen Quantenfeldtheorie und Elementarteilchentheorie.

7. Trägheit und Schwere

Was ein fallender Apfel und ein Karussell gemeinsam haben

Gehen wir nun von der Speziellen in Richtung auf die *Allgemeine* Relativitätstheorie weiter. Der ursprüngliche Weg Einsteins führt zu einer Verallgemeinerung des Begriffs des Inertialsystems.

Es seien das genähert orts- und zeit*un*abhängige konstante Schwerefeld in unserer Umgebung und eine darin frei fallende Masse betrachtet. In einem mit dieser Masse verbunden gedachten Bezugssystem, dem berühmten Einsteinschen Fahrstuhl, wirkt wegen des Äquivalenzprinzips keine Schwerkraft mehr. Dahinter steckt, daß wir in der Newtonschen Theorie durch Übergang in ein Nicht-Inertialsystem, wie das frei fallende, ein homogenes Schwerefeld zum Verschwinden bringen können. Daß dies keine Phantasie, sondern Wirklichkeit ist, kennen wir von den Raumfähren im Schwerefeld der Erde mit den in ihnen schwebenden Astronauten; sie fallen zwar nicht auf den Erdmittelpunkt zu wie der „Fahrstuhl", sondern kreisen um ihn. Die anziehende Schwerkraft wird bei ihnen durch die abstoßende Zentrifugalkraft kompensiert. Auf der Erdoberfläche werden Falltürme wie der in Bremen benutzt, um – für einige Sekunden – die Auswirkungen der Schwerelosigkeit etwa auf den Kristallisationsvorgang in einer Schmelze zu studieren.

Wenn in einem frei fallenden Bezugssystem keine zusätzlichen Kräfte wirken, wird sich ein darin befindlicher Massenpunkt in Ruhe oder geradlinig-gleichförmiger Bewegung befinden. Von nun an nennen wir ein im Gravitationsfeld frei fallendes Bezugssystem *Inertialsystem*. In ihm soll die speziell relativistische Physik gelten. Strenggenommen allerdings nur, wenn das Inertialsystem örtlich und zeitlich eng begrenzt ist, da sonst die oben gemachte Voraussetzung eines konstanten Schwerefeldes nicht zutreffen kann.

7.1 Die Machsche Idee

Wie das Beispiel der frei fallenden Satelliten zeigt, können Trägheitsfelder Gravitationsfelder kompensieren, sind ihnen irgendwie verwandt. Vielleicht sind es die zwei Seiten einer Medaille wie beim elektrischen und magnetischen Feld, den beiden Erscheinungsformen des elektromagnetischen Feldes. Ein Einwand liegt nahe: Schwerefelder haben Quellen, die schweren Massen; welche „Quellen" entsprechen den Trägheitsfeldern? Sie entstehen doch anscheinend nur beim Übergang auf ein beschleunigtes Bezugssystem? Ernst Mach vermutete, wie wir in Abschnitt 2.1 bemerkt haben, daß die Beschleunigung relativ zu den Sternen betrachtet werden müsse. Mit den heutigen Kenntnissen müßten wir statt der Sterne die großräumige Verteilung der Massen im Kosmos nehmen. Nach dieser Idee würde ein Schwerefeld immer vorhanden sein, wenn einzelne schwere Massen existieren. Ein Trägheitsfeld würde sich zeigen, wenn sich ein Körper relativ zu dessen Feldquelle, der gesamten Materie im Kosmos, beschleunigt bewegt. Der fallende Apfel würde in dieser Sicht vom Gravitationsfeld der Erde beschleunigt, das rotierende Karusell von der kosmischen Materie.

Könnte diese die „Quelle" der Trägheitsfelder sein? Wie soll das funktionieren? Wenn unerwartet die U-Bahn bremst, haben mich dann die Sterne in fernen Milchstraßen umgeworfen? Ein einfacher Kausalzusammenhang ist nicht zu sehen. Der Zugführer bremst plötzlich, weil ein Signal auf Halt gegangen ist. Das haben nicht die Sterne verursacht, sondern das automatisierte Stellwerk aufgrund der Informationen über andere U-Bahnzüge. Information von den Galaxien zu uns bräuchte wegen der endlichen Ausbreitungsgeschwindigkeit Jahrtausende, ja Jahrmillionen, bis sie uns erreichte. Da sind die U-Bahnwagen längst verrottet. So kann es nicht gehen!

Aber der Feldbegriff könnte der Retter in der Not sein. Wenn Trägheitsfelder ähnlich wie ein Gravitationsfeld durch die großräumige Massenverteilung im Kosmos erzeugt werden würden, gäbe es an jedem Ort zu jeder Zeit einen bestimmten

Wert für das Trägheitsfeld. Auf diesen Feldwert würde die U-Bahn reagieren. Aber auch diese Vorstellung ist nicht haltbar, da U-Bahnen plus kosmische Materie kein *abgeschlossenes* System bilden. Wenn sich ein Verzweifelter vor den Zug wirft und eine Notbremsung verursacht, müßten die fernen kosmischen Massen dies vorher gewußt haben, damit sich das lokale Trägheitsfeld entsprechend einstellen konnte. Genau dasselbe trifft auf ein Karussell zu, wenn sein Motor willkürlich an- oder abgestellt wird. Die Machsche Idee könnte allenfalls auf die physikalische Beschreibung der großen Himmelskörper wie der Planeten, Sterne, Galaxien, deren Bewegungszustand wir Menschen nicht willkürlich zu ändern vermögen, angewandt werden.

7.2 Das Potential von Schwere und Trägheit

Die uns heute unwichtig vorkommende Vorstellung Machs spielte in der Entwicklung der Allgemeinen Relativitätstheorie durch Einstein eine bedeutende Rolle. Ausgangspunkt war sein Versuch, das Relativitätsprinzip über die Inertialsysteme der Speziellen Relativitätstheorie hinaus auf beliebig beschleunigte Bezugssysteme zu verallgemeinern. Dabei kamen die Trägheitskräfte und der Gedanke an die sie kompensierenden Gravitationskräfte ins Spiel. Die Allgemeine Relativitätstheorie wurde daher zwangsläufig zu einer Theorie der Gravitation. In ihr sind Trägheit wie Gravitation durch dieselbe Größe dargestellt: die Riemannsche Metrik, das Abstandsmaß einer neuen, der sog. Riemannschen Geometrie (in Kapitel 8 ist dies ausgeführt). Gebraucht wird nur, daß sich an einem beliebig wählbaren Punkt in der Raum-Zeit durch Übergang auf ein bestimmtes Koordinaten(Bezugs-)system – eben das frei fallende System – das Riemannsche Abstandsmaß in die Form des Abstandsmaßes der Minkowski-Geometrie überführen läßt. Da die Komponenten der Riemannschen Metrik sowohl Gravitations- als auch Trägheitspotentiale darstellen, können diese in *einem* beliebigen Ereignis zu Null gemacht werden.

Schwere- bzw. Trägheits*feld* sind die raum-zeitlichen *Änderungen* von Gravitations- bzw. Trägheitspotential. Sie werden in einer Größe zusammengefaßt, die nach dem Mathematiker Elwin Bruno Christoffel (1829–1900) benannt und deren Symbol auf seinem Grabstein eingemeißelt sein soll. Eben dieses sog. Christoffel-Symbol muß in einem beliebigen Punkt der Raum-Zeit durch Einführung eines geeigneten (frei fallenden) Bezugssystems zum Verschwinden gebracht werden können. Das ist ganz anders als beim elektromagnetischen Feld: Fehlt dieses in *einem* Bezugssystem, so auch in *allen* anderen. Der Begriff des Schwerefeldes ist also radikal *beobachterabhängig*: Für den einen Beobachter existiert es, für den anderen nicht. Beobachterunabhängige Meßgrößen sind erst die zeitlichen wie räumlichen Gradienten des Schwerefeldes, die – etwa im Erde-Mond-Sonne-System – Ebbe und Flut hervorbringen.

8. Gravitation und Geometrie

Warum die Uhr auf dem Mount Everest vorgeht

Aus den Kapiteln 1 und 6 wissen wir, daß sowohl in der vorrelativistischen wie in der relativistischen Raum-Zeit (Minkowski-Geometrie) räumliche und zeitliche Abstände aus den Differenzen der Raum- und Zeitkoordinaten berechnet werden. Mit der vorhandenen Materie haben sie nichts zu tun. Das Neue an der Allgemeinen Relativitätstheorie ist nun, daß die Materieverteilung, genauer ihre Energie-, Impuls- und Spannungsverteilung in Raum und Zeit, die Längen- und Zeitmessung beeinflußt.

8.1 Verallgemeinerung der Minkowski-Metrik

Wie eben angedeutet, wird eine neue vom *Gravitationspotential* abhängige Abstandsdefinition eingeführt. Die einfachste Annahme, mit der Einstein ursprünglich begann, war, daß die Lichtgeschwindigkeit c vom Schwerepotential abhängen sollte. Er multiplizierte sie im Abstandsmaß der Minkowski-Geometrie mit einer raum- und zeitabhängigen Funktion f, so daß die neue Metrik lautet: $\bar{D}^2 = |f(x_1, x_2, x_3)c^2(\Delta t)^2 - (\Delta x_1)^2 - (\Delta x_2)^2 - (\Delta x_3)^2|$. Für schwache Gravitationsfelder sollte die Funktion f mit dem Newtonschen Gravitationspotential Φ über $f = 1 - 2\frac{\Phi}{c^2}$ zusammenhängen (vgl. Mathematischer Anhang).

Damit war Einstein in der Lage, den Einfluß eines Gravitationsfeldes auf den Uhrengang zu beschreiben; für eine ruhende Uhr ($\Delta x_1 = \Delta x_2 = \Delta x_3 = 0$) ist das Eigenzeitintervall $\bar{D}/c = \sqrt{f}\Delta t \simeq (1 - \Phi/c^2)\Delta t$, hängt also vom Schwerepotential Φ ab. Da eine Frequenz umgekehrt proportional zum Zeitintervall der Schwingung ist und dieses durch $\bar{D}$ gegeben wird, läßt sich ausrechnen, wie der Uhrengang vom Gravitationsfeld der Erde beeinflußt wird: Je höher die Uhr über dem Meeresspiegel plaziert ist, desto mehr geht sie vor. Durch

Vergleich des Gangs von Atomuhren auf einem Gebirgsplateau und am Meeresstrand ist das genau bestätigt worden. Auf 100 Meter Höhendifferenz macht der Gangunterschied etwa eine Milliardstel Sekunde aus. Die Uhr auf dem Mount Everest geht also vor, weil die Gravitationsanziehung auf diesem Gipfel schwächer ist als auf Meereshöhe. (Vgl. auch Abschnitt 10.1 bei der Diskussion der Gravitationsrotverschiebung.)

Aber diese Idee mußte noch verändert werden: Die Vakuum-Lichtgeschwindigkeit c ist eine Naturkonstante und kann sich in Gegenwart eines Schwerefeldes nicht ändern. Einsteins Ziel war, die Bevorzugung der geradlinig-gleichförmig bewegten Inertialsysteme in der Speziellen Relativitätstheorie zu beseitigen. Wir wissen, daß in *beschleunigten* Bezugssystemen, wie etwa auf einer rotierenden Scheibe, Trägheitskräfte auftreten. Die Umrechnung des Minkowskischen Abstandsmaßes auf ein mit der Scheibe gleichförmig mitdrehendes Bezugssystem ergab nun einen ähnlichen Ausdruck wie oben, nur daß Φ nicht mehr das Schwerepotential, sondern das Potential der Zentrifugalkraft darstellte. Das versuchsweise eingeführte Abstandsmaß $\bar{D}$ kann also dem Übergang auf ein ganz spezielles, momentan beschleunigtes Bezugssystem entsprechen. Denken wir an andere Fälle, wie etwa an ein *beschleunigt* rotierendes System oder noch kompliziertere Situationen, so zeigt die Rechnung, daß das Abstandsmaß der Minkowski-Geometrie die folgende Form bekommen muß – wenn wir zur Vereinfachung wieder nur eine Raumdimension anschreiben:

$$\bar{D}^2 = a(t, x_1)c^2(\Delta t)^2 + 2b(t, x_1) \Delta t \cdot \Delta x_1 + c(t, x_1)(\Delta x_1)^2.$$

Wir sehen hier drei freie Funktionen a, b und c, die Komponenten der Metrik, unter denen wir uns verschiedene Trägheitspotentiale vorstellen müssen. Kommen die weiteren kartesischen Raumkoordinaten x_2 und x_3 hinzu, so können im Abstandsmaß insgesamt zehn freie Funktionen als Vorfaktoren der zehn möglichen (quadratischen) Produkte von Δt, Δx_1, Δx_2 und Δx_3 auftreten. Alle haben etwas mit relativistischen Trägheitspotentialen zu tun. Glücklicherweise werden wir sie wieder los, wenn wir zurück in ein Inertialsystem gehen: An der Minkowski-Geometrie hat sich nichts geändert.

8.2 Riemannsche Geometrie

Nun kommt die entscheidende gedankliche Erweiterung: Wenn das Gravitationsfeld an einem Ort (zu einer Zeit) durch Übergang in ein frei fallendes Bezugssystem zum Verschwinden gebracht werden kann (Erdsatellit, Fahrstuhl-Gedankenexperiment), so teilt es diese Eigenschaft mit dem Trägheitsfeld. Einstein entschloß sich daher, das Gravitationsfeld im Abstandsmaß der Raum-Zeit formal gleich wie ein Trägheitsfeld zu behandeln: Die zehn freien Funktionen im Abstandsmaß müssen demnach sowohl Gravitations- wie auch Trägheitspotentiale beschreiben. Folgender entscheidender Unterschied zwischen den beiden Feldtypen besteht: Liegt ein Gravitationspotential vor, so kann das Abstandsmaß nur in einem Ort (zu *einer* Zeit) in die Minkowskische Form gebracht werden; für ein Trägheitspotential dagegen kann das gleichermaßen in *jedem* Ort (zu *jeder* Zeit) erreicht werden.

Den Gedanken, für Schwere und Trägheit müsse eine gemeinsame Theorie entwickelt werden, hatten schon 1896 die Berliner Brüder Benedict und Immanuel Friedländer geäußert. Immanuels Experimente in einer Fabrik in Peine mit einem großen Schwungrad waren erfolglos gewesen. Der Versuch, die Newtonsche Theorie im Machschen Sinne umzubauen, scheiterte.

Um seine Gedanken der Berechnung zugänglich zu machen, benutzte Einstein auf Anraten eines Freundes, des Züricher Mathematikers Marcel Großmann (1878–1936), eine vorhandene Theorie des Göttinger Mathematikers Bernhard Riemann (1862–1866). Er war der erste, der die Geometrie der zweidimensionalen Flächen auf beliebige Raumdimensionen verallgemeinerte. In seiner Geometrie bestimmt das Abstandsmaß die Raumintervalle und alle weiteren Strukturen wie etwa den Vergleich von Richtungen in entfernten Orten oder eine mögliche *Krümmung* eines solchen höherdimensionalen Raumes. Damals war das eine rein mathematische Theorie, „nutzlos" in dem Sinne, daß sie nicht zu neuen Arbeitsplätzen führte. Aber schon Riemann deutete an, daß seine Geometrie von Bedeutung werden könne, wenn zukünftige Erfahrung zeige, daß die Euklidische Geometrie zum Verständnis der Natur nicht ausreicht. Heute wissen wir, daß die Situation so ist. Arbeitsplätze sind zudem entstanden, nicht nur in der Raumfahrt-Forschung, sondern auch für die Konstruktion und Produktion der geschilderten Positionsmeßgeräte (GPS-Geräte; vgl. Abschnitt 5).

Der erste, der die Riemann-Geometrie mit der Physik verknüpfen wollte, der Geometer William Kingdon Clifford (1845–1879), kam über geniale Vermutungen nicht hinaus. Den Abstandsbegriff in Raum und Zeit von einem physikalischen Phänomen wie der Schwerkraft abhängig zu machen, bedeutete eine geistige *Revolution*. Hatte nicht Kant den euklidischen Raum als eine *a priori*-Voraussetzung unseres Denkens nachgewiesen? Und nun sollte die Abstandsmessung in Raum und Zeit auf „Zufälligkeiten" in der Welt wie dem Schwerefeld von Erde, Sonne und den Sternen zurückzuführen sein? Das lehnten viele Zeitgenossen Einsteins ab. Die Naturwissenschaft kann aber auf keine noch so geniale Gedankenlogik Rücksicht nehmen: Sie unterwirft ihre Schlußfolgerungen reproduzierbaren Experimenten und wiederholbaren Beobachtungen. Daß dieses Verfahren ebenfalls erkenntnistheoretische Fragen aufwirft, steht auf einem anderen Blatt.

Ein Schlüsselbegriff der Riemannschen Geometrie ist der sog. *Krümmungstensor*, eine vielkomponentige Größe, die sich aus dem Abstandsmaß und ihren ersten und zweiten Ableitungen nach Orts- und Zeitkoordinaten zusammensetzt. Ein Tensor kann wie ein Vektor für keine Wahl eines Bezugssystems zum Verschwinden gebracht werden, es sei denn alle seine Komponenten seien sowieso Null. Auf die Allgemeine Relativitätstheorie bezogen, bedeutet dies, daß die Krümmung der Raum-Zeit eine beobachtbare Größe ist und etwas mit dem Schwerefeld zu tun hat. Wenn das Abstandsmaß den relativistischen Gravitationspotentialen entspricht, so seine erste Ableitung dem Gravitations*feld* und die Krümmung den räumlichen und zeitlichen *Gradienten* des Gravitationsfeldes, also der *Änderung* der Schwerkraft von Ort zu Ort und im Laufe der Zeit. Insbesondere folgt aus verschwindender Krümmung, daß gar kein Gravitationsfeld vorhanden ist, höchstens Trägheitsfelder gegeben sind. Die Minkowski-Geometrie der Speziellen Relativitätstheorie ist unter diesem Gesichtspunkt ein Spezialfall der Riemannschen Geometrie: Diese Raum-Zeit ist ungekrümmt, oder – wie man auch sagt – *flach*; alle Komponenten des Krümmungstensors verschwinden. Insoweit die Allgemeine Relativitätstheorie die Raum-Zeit mit Hilfe der Riemannschen Geometrie beschreibt, ist der Begriff der Schwerkraft überflüssig geworden, weil durch geometrische Größen ersetzt. Dieser Sachverhalt wird „Geometrisierung" der Schwerkraft genannt.

9. Krümmung und Materie

Wenn Geradeausfahrt
Rückkehr zum Ausgangspunkt bedeutet

9.1 Äußere und innere Krümmung

Ein Weg krümmt sich, wenn er von der geraden Linie abweicht; ein Rücken ist gekrümmt, wenn er sich von einer ebenen Fläche mehr oder weniger abwölbt. Hier bedeutet Krümmung die *äußere* Krümmung einer Kurve (der Straße) oder einer Fläche (des Bergrückens) in den uns umgebenden, dreidimensionalen Anschauungsraum hinein. In der Newtonschen Mechanik und in der Speziellen Relativitätstheorie wird er durch die Euklidische Geometrie beschrieben. Was aber bedeutet äußere Krümmung für diesen Anschauungsraum selbst? Es gibt keinen Raum mit vier oder mehr Raumdimensionen, in den er sich hineinkrümmen könnte, günstigstenfalls die vierdimensionale Raum-Zeit. Wichtiger als die äußere Krümmung ist für uns daher der Begriff der *inneren* Krümmung. Um zu verstehen, was er aussagt, überlegen wir uns, daß es *innere* Maße für Krümmung gibt, die nicht auf einen die gekrümmte Fläche umgebenden Einbettungsraum angewiesen sind. Einfaches Beispiel ist die Winkelsumme im Dreieck. Nach dem Schulunterricht beträgt sie für ein ebenes Dreieck 180 Grad.

Für eine gekrümmte Fläche ist die Winkelsumme im Dreieck dagegen größer oder kleiner. Im ersten Fall heißt die Fläche *positiv*, im zweiten Fall *negativ* gekrümmt. Das hat der berühmte Mathematiker Carl Friedrich Gauß (1777–1853) in seinem *Theorema egregium* (1828) bewiesen. Aber was heißt „Dreieck" auf einer gekrümmten Fläche? Dort können seine Seiten in der Regel nicht mehr geradlinig sein. Aber sie können als die *kürzesten* Verbindungen der Eckpunkte des Dreiecks eingeführt werden. Auf der Erdkugel ist ein solches Dreieck z.B. gegeben durch die Längenkreise durch Greenwich (0 Winkelgrad) und 90 Winkelgrad östlicher Länge, die sich am Nordpol mit 90 Grad schneiden, und durch das Stück des Äquators zwischen ihnen. Das sind alles Großkreise auf der Kugel, die kürzesten Verbindungslinien zwischen zwei Punkten. Die Winkelsumme in diesem Dreieck auf der Kugel beträgt 90 + 90 + 90 = 270 Winkelgrad! Die Erdoberfläche ist also eine Fläche positiver innerer Krümmung. Entsprechende innere Maße für die Krümmung gelten für dreidimensionale Räume. Allerdings gibt es keinen direkt entsprechenden Satz für die Summe der *Raumwinkel* in Pyramiden mit dreieckiger oder viereckiger Grundfläche.

Den Unterschied zwischen *äußerer* und *innerer* Krümmung erkennen wir etwa an einer in der Mitte durchgeschnittenen und ausgelöffelten Pampelmuse, die wir als Beispiel für eine gekrümmte Fläche wählen. Sehen wir in sie hinein, so krümmt sie sich auf den Beobachter zu; das bedeutet, daß die Fläche konkav ist. Drehen wir sie herum, so krümmt sie sich vom Betrachter weg, ist also konvex. Ihre innere Krümmung ist aber dieselbe geblieben; sie hängt nicht von der Lage der Fläche im dreidimensionalen Raum ab: Als Teil einer Kugeloberfläche bleibt sie eine Fläche *positiver* (innerer) Krümmung. Wenn wir im folgenden von Krümmung sprechen, so ist immer diese innere Krümmung gemeint.

Während es für eine Fläche *im* dreidimensionalen Raum eine *anschauliche* Vorstellung sowohl der äußeren wie der inneren Krümmung gibt, gelingt dies mit dem Anschauungsraum selbst, einem *drei*-dimensionalen Raum, nicht. Um so mehr, wenn die Krümmung der vierdimensionalen Raum-Zeit betrachtet werden muß, wie es die Allgemeine Relativitätstheorie verlangt. Zwar kann wieder eine *äußere* Krümmung in einem gedachten *fünf*-dimensionalen Raum eingeführt werden; nur vorstellen können wir uns den nicht. Für vierte und fünfte Dimensionen fehlt uns das Sinnesorgan. Die innere Krümmung der dreidimensionalen Gleichzeitigkeits-Räume bzw. der vierdimensionalen Raum-Zeit wird durch eine *innere* geometrische Größe der Riemannschen Geometrie beschrieben, analog zur Charakterisierung der Flächenkrümmung durch die Winkelsumme eines Dreiecks. Diese Größe kennen wir schon: es ist der Riemannsche Krümmungstensor. Während er für eine Fläche eine einzige unabhängige Größe darstellt, die sog. Gaußsche Krümmung, faßt er für einen dreidimensionalen Raum wie den Anschauungs-Raum schon 6 und für die vierdimensionale Raum-Zeit sage und schreibe 20(!) unabhängige Komponenten zusammen. Nur in einfachen Fällen, etwa bei einem dreidimensionalen Raum konstanter positiver Krümmung, aus dem durch Schnitte Kugelflächen entstehen, reduzieren sich die vielfältigen Freiheitsgrade des Krümmungstensors und können ein bißchen anschaulicher gemacht werden.

Das Schwerefeld zeigt sich in seinem Einfluß auf die Bewegung sonst kräftefreier Körper. Könnte es „abgeschaltet" werden, würden sie sich *geradlinig* weiterbewegen. Geraden können durch zwei verschiedenen Eigenschaften charakterisiert werden. Einmal bilden sie die *kürzeste* Verbindungslinie zwischen zwei Punkten. Zum anderen erscheinen sie uns als die *geradesten* Kurven in dem Sinne, daß eine einmal eingeschlagene Richtung durch die Bahn dauernd aufrechterhalten wird. Kurven mit solchen Eigenschaften muß es auch auf krummen Flächen geben: Was ist die kürzeste Verbindungslinie von zwei Punkten auf einer Kugel? Was ist die geradeste Verbindungslinie auf einer Zylinderfläche? Die Antwort auf die erste Frage nutzen die Fluggesellschaften, wenn sie den Kerosinverbrauch ihrer Düsenflugzeuge minimieren wollen: Der Flug muß so lange wie möglich längs eines *Großkreises* um die Erde erfolgen. Auf der Erdoberfläche wird er durch eine gedachte Ebene durch Start- und Zielpunkt sowie den Erdmittelpunkt ausgeschnitten. Beispiele für Großkreise wie den Erdäquator und die Längenkreise sind schon gegeben. Die Antwort auf die zweite Frage erfordert eine Fallunterscheidung. Eine Kurve auf dem Zylinder, die in einer Richtung parallel zur Zylinderachse beginnt und die geradeste werden soll, ist eine Gerade. Eine Kurve, die ihre Anfangsrichtung beibehält, in einer Ebene senkrecht zur Achse (in der Mitte) des Zylinders ist ein Kreis, kommt also zum Ausgangspunkt zurück. Schließlich windet sich eine Kurve, für die anfänglich eine beliebige andere Richtung eingestellt wurde, um den Zylinder herum, ohne je zum Ausgangspunkt zurückzukommen. Direkte Nachprüfung zeigt, daß sowohl auf der Kugel wie auf dem Zylinder *kürzeste* und *geradeste* Kurven zusammenfallen. Das gilt allgemein: In der Riemannschen Geometrie stimmen beide Begriffe überein, so daß wir nicht zwischen den kürzesten Kurven, den sog. *Geodäten,* und den geradesten Kurven, den sog. *Autoparallelen,* unterscheiden müssen. Geradeausfahrt auf der Kugeloberfläche bedeutet, daß die Bahn längs eines Großkreises verläuft, also geschlossen ist. Stellt der Flugkapitän den Autopilot ein und legt sich lange genug schlafen, so kann er sich beim Aufwachen wieder in der Nähe des Abflughafens befinden.

Während in der Newtonschen Mechanik und in der Speziellen Relativitätstheorie die Bahnen *kräftefreier* Teilchen durch *gerade Linien* dargestellt werden, führt die Allgemeine Relativitätstheorie folgende Zuordnungsvorschrift ein: Die Bahnen sonst kräftefreier Teilchen *im Schwerefeld* sind *Geodäten.* Das entspricht der erwähnten Umdefinition des Begriffs des Inertialsystems: In der Speziellen Relativitätstheorie durch kräftefreie, geradlinig-gleichförmige Bewegung bestimmt, ist es nun durch eine vom *freien Fall* bestimmte Bewegung festgelegt. Im Schwerefeld beliebig bewegte Uhren messen nun die Eigenzeit $\bar{D}/c$.

Stellen wir uns zwei Fallschirmspringer nach dem Absprung im Schwerefeld der Erde vor – bevor sie ihre Fallschirme geöffnet haben. Beide fallen auf den Erdmittelpunkt zu, in dem wir uns die gesamte Masse der Erde konzentriert denken können. Das heißt, die beiden Springer *nähern* sich einander während des freien Falls. Bei kurzen Fallstrecken sind das nur Millimeter oder weniger. Das Sichnähern bedeutet, daß eine *Relativ*-Beschleunigung zwischen den Springern bestehen muß. Nehmen wir als eine gute Näherung an, die Erde sei eine Kugel. Aus der Beschreibung des Schwerefeldes eines kugelsymmetrischen Körpers in der Allgemeinen Relativitätstheorie ergibt sich, daß die dazugehörige Geometrie gekrümmt ist. Damit ist die Riemannsche Krümmung auch als

Relativbeschleunigung frei fallender Körper interpretierbar. In einer Raum-Zeit der Krümmung Null, also im Minkowski-Raum, würden die Fallschirmspringer *ohne* Relativbeschleunigung parallel nebeneinander her fallen. Für *positive* Krümmung fallen sie aufeinander zu, für negative voneinander weg. Insofern die Bahnen der frei fallenden Teilchen Geodäten sind, ist die Krümmung also ein Maß für die relative Lage benachbarter Geodäten. Was im Fachjargon *geodätische Abweichung* heißt, also der Abstand benachbarter Geodäten im Laufe der Zeit, ist so recht anschaulich.

9.2 Krümmung und Energie der Materie

Wir wissen nun, wie das Schwerefeld mit Größen der Riemannschen Geometrie beschrieben werden kann. Aber bisher haben wir noch keinen Gebrauch von der schon durch die Newtonsche Gravitationstheorie berücksichtigten Erfahrung gemacht, daß die schweren Massen der Körper Quellen des Schwerefeldes sind. Seit der Erkenntnis der Speziellen Relativitätstheorie, daß Energie und *träge* Masse und, wegen des Äquivalenzprinzips, auch Energie und *schwere* Masse gleiche Bedeutung haben, müssen wir jede Form von in der Materie und in Materiefeldern steckender Energie als eine Quelle des Schwerefeldes ansehen. Diese Folgerung wurde 1907 zuerst von Max Planck gezogen. Ein elektromagnetisches Feld erzeugt demnach über seine Feldenergie auch ein Gravitationsfeld. Für die von der Technik erzeugten elektrischen Felder sind das unmeßbar kleine zusätzliche Schwerefelder. Auch ein in der Materie vorhandener Energiefluß, der einem Impuls entspricht, sowie die in elastischen Spannungen gespeicherte Energie tragen zu den Quellen des Schwerefeldes bei. Alle diese Größen werden in dem sog. Energie-Impuls-Tensor der Materie zusammengefaßt. Die berühmten Einsteinschen Feldgleichungen stellen eine algebraische Beziehung zwischen der Hälfte der Freiheitsgrade der Krümmung der Raum-Zeit, der sog. Ricci-Krümmung, und der Energie- und Impulsverteilung in der Materie dar. Genauer gesagt, muß aus den Komponenten der Ricci-Krümmung zuerst eine lineare Funktion, die wir Einstein-Krümmung nennen wollen, gebildet werden. Dann lauten die Feldgleichungen

Einstein-Krümmung = $\kappa \cdot$ Energie-Impuls der Materie.

Dabei ist $\kappa = \frac{4\pi G}{c^4}$ eine Kopplungskonstante mit der Newtonschen Gravitationskonstanten: $G \simeq 6{,}6726 \cdot 10^{-11} m^3 kg^{-1} s^{-2}$. Diese Feldgleichung, die Albert Einstein 1912 verwarf und erst drei Jahre später endgültig akzeptierte, wurde dann gleichzeitig mit ihm von dem Göttinger Mathematiker David Hilbert (1862–1943) abgeleitet. Sie ist so angesetzt, daß für schwache Gravitationsfelder und für langsame Bewegung der felderzeugenden Massen gerade die Gleichungen der Newtonschen Gravitationstheorie (in der Form einer Feldtheorie für das Potential) zurückgewonnen werden. Der übriggebliebene, nicht algebraisch mit der Materie verknüpfte Teil des Krümmungstensors, die sog. Konform-Krümmung, erfaßt z.B. die Freiheitsgrade von Gravitationswellen, die wie die elektromagnetischen Wellen in Gebieten weit entfernt von ihrer Quelle, dem Radiosender, vorhanden sein können (vgl. Abschnitt 10.2). Auch das Feld im *Außenraum* von gravitierender Materie, etwa um einen Stern herum, wird durch die Konform-Krümmung beschrieben.

Das Vakuum wird durch die Abwesenheit von Feldquellen für ein Schwerefeld definiert. Nach den Einsteinschen Feldgleichungen bedeutet dies verschwindende Einstein- und damit auch verschwindende Ricci-Krümmung. Da es viele reguläre, exakte Lösungen der Vakuum-Feldgleichungen, also ohne gravitierende Materie, mit nicht verschwindender Konform-Krümmung gibt, etwa eine Art ebener Gravitationswellen, so ist Einsteins Interpretation der Idee Machs, nämlich daß ohne Massen kein Gravitationsfeld existieren kann, in seiner Theorie nicht verwirklicht. Wir können auch im Falle des Vakuums den Einfluß des Schwerefeldes auf Massen untersuchen; diese werden dann *Test*körper genannt, da sie kein eigenes Schwerefeld erzeugen.

Die Einsteinschen Feldgleichungen sind *nichtlinear* in den zu bestimmenden Komponenten der Riemannschen Metrik. Daraus folgt, daß additive Überlagerung von Lösungen *nicht* zu neuen Lösungen führt. Dies kompliziert den Versuch, zu einer Übersicht über die möglichen Lösungen zu kommen. Aber Nichtlinearität gibt es auch in vielen anderen Gebieten der Physik wie in der Mechanik (etwa beim deterministischen Chaos) und der Hydrodynamik (Turbulenz). Die Feldgleichungen werden auf Bereiche aller Längengrößen von der Planck-Länge bis zum „Durchmesser" des Weltalls angewandt.

Da sich Einstein ursprünglich vorstellte, daß das Weltall sich in einem in der Zeit unveränderlichen Zustand befinden müsse und keine entsprechende *kosmologische* Lösung der Feldgleichungen fand, führte er 1917 einen Zusatzterm in die Gleichungen ein, das sog. kosmologische Glied. Damit postulierte er eine neue Natur-Konstante, die *kosmologische Konstante*, deren Wert bisher nicht gemessen werden konnte. Später stellte es sich heraus, daß sich der Kosmos zeitlich ändert und daß es auch ohne die kosmologische Konstante geeignete Lösungen der Feldgleichung gibt (vgl. Kapitel 12). Je nach der Beobachtungssituation wird die kosmologische Konstante heute aus dem (Zauber-)Hut der Theoretiker gezogen oder wieder darin versteckt. Eine empirische Entscheidung darüber, ob sie gebraucht wird, steht aus.

Die Einsteinsche Gravitationstheorie zeigt denselben Mangel wie die Newtonsche: Auch in ihr treten keine *Relativ*-Größen wie etwa die Relativgeschwindigkeit auf, sondern auf das lokale metrische Feld bezogene Absolutgrößen.

10. Beobachtungen im Planetensystem

Was die Sonne mit dem Licht macht

Da die Schwerkraft im Vergleich mit den anderen fundamentalen Kräften (elektromagnetische, Kern- und schwache Kraft) die schwächste ist (um einen Faktor 10^{-40} kleiner als die elektromagnetische Kraft), sind Messungen von Effekten schwierig, die über die Newtonsche Gravitationstheorie hinausgehen. Dennoch sind wir heute in der Lage, die drei bekanntesten dieser Effekte zu messen: die Gravitationsrotverschiebung, die Lichtablenkung und die Merkurperihel-Drehung.

10.1 Gravitationsrotverschiebung

Die Gravitationsrotverschiebung ist eine Folge des Äquivalenzprinzips (Abschnitt 1.4) und der Annahme einer von Ort und Zeit abhängigen Metrik. Es handelt sich bei diesem Effekt um den Einfluß des Gravitationsfeldes auf den Uhrengang oder um die Verschiebung von Spektrallinien in Richtung der langwelligen Seite des Spektrums. In Abschnitt 8.1 sahen wir, daß das Eigenzeitintervall im Schwerefeld $\overline{D}/c \simeq (1 - \Phi/c^2)\,\Delta t$ ist. Setzen wir für Φ die Differenz des Newtonschen Gravitationspotentials zwischen zwei Orten mit dem Höhenunterschied ΔH ein, so folgt für die Frequenzen $\bar{\nu} \sim (\overline{D})^{-1}$, $\nu \sim (\Delta t)^{-1}$ die relative Frequenzverschiebung $\frac{\bar{\nu}-\nu}{\nu} \simeq \frac{g}{c^2} \Delta H$. Diese Überlegung ist eine Näherung; die genaue Behandlung geht von der von dem Astronomen Karl Schwarzschild (1873–1916) gefundenen exakten Lösung der Einsteinschen Feldgleichungen für das Außenfeld einer Massenkugel aus. Wie erwähnt, wurde die Gravitationsrotverschiebung durch die Einwirkung des Schwerefeldes auf den Gang von Atomuhren bestätigt. Der Effekt sollte sich auch in der Verschiebung von Spektrallinien äußern, die von Atomen in einem starken Gravitationsfeld stammen. Bald nach dem Ersten Weltkrieg gab es Anstrengungen, die Gravitationsrotverschiebung an Spektrallinien der Sonne zu messen, und auch die erste – von Einstein akzeptierte – Behauptung der Bonner Physiker Leonhard Grebe und Albert Bachem, daß das geglückt sei. Übrigens war schon seit dem letzten Jahrzehnt des 19. Jahrhunderts bekannt, daß Spektrallinien der Sonne eine Rotverschiebung zeigen. Die physikalische Ursache dieser Rotverschiebung blieb lange umstritten; eine Druckverbreiterung der Spektrallinien kam ebenso in Frage wie der Dopplereffekt auf Grund von Konvektionsströmungen in der Sonnenatmosphäre. Komplizierend wirkten Rotation und Magnetfeld der Sonne. Erst ab den 60er Jahren unseres Jahrhunderts waren sowohl die Kenntnisse über die Physik der Sonnenatmosphäre als auch die Technik zur Messung der Gravitationsrotverschiebung so weit fortgeschritten, daß ein Auseinanderhalten der verschiedenen Effekte möglich wurde. Durch drei unabhängige Arbeitsgruppen wurde die von der Allgemeinen Relativitätstheorie vorhergesagte Gravitationsrotverschiebung zwischen 1962 und 1969 an Spektrallinien der Sonne mit einer Genauigkeit von 5% bestätigt. Die nichtlineare Struktur der Einsteinschen Theorie wird durch diesen Effekt allerdings nicht erfaßt.

10.2 Lichtablenkung

Massen ziehen einander durch die Schwerkraft an. Da jeder Energie nach Einsteins Formel $E = mc^2$ eine träge/schwere Masse entspricht, müßten sich „Energiekonzentrationen" jeder Art gegenseitig beeinflussen. Betrachten wir einen Lichtwellenzug als ein solches Energiebündel, so müßte er von einer großen Masse angezogen werden. Mit einer Taschenlampe und einem Bleiklotz im Keller läßt sich dieser Effekt wegen des minimalen Massenäquivalents des Lichtstrahls und der kleinen Masse des Bleis natürlich nicht nachweisen. Aber wenn massive Systeme am Himmel herangezogen werden, könnte es vielleicht doch gehen? In der Tat ist eine „Ablenkung" um den Winkel δ des am Sonnenrand vorbeistreifenden

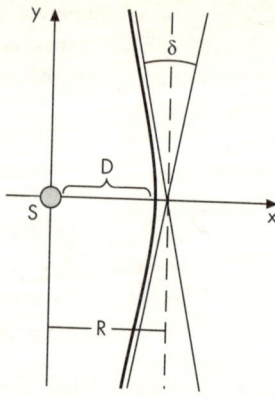

Abb. 7: Lichtablenkung. Der Ablenkungswinkel δ wird über die Asymptoten der Hyperbel definiert, die den am Sonnenrand streifenden Lichtstrahl darstellt. D bezeichnet den Radius der Sonne und fällt näherungsweise mit R zusammen.

Sternlichts bzw. von Radiowellen gemessen worden. Mit Licht ist die Messung ziemlich schwierig. Es handelt sich um den Vergleich von Sternpositionen auf Fotoplatten, die um 1–2 Bogensekunden voneinander abweichen; einmal, wenn die Sonne nicht im Sichtfeld des Sterns steht, zum anderen, wenn der Stern bei einer Sonnenfinsternis direkt am Sonnenrand sichtbar ist. Da das Licht zur Sonne *hin*gebogen wird, wir die Lichtquelle aber in der geradlinigen Verlängerung der Ankunftsrichtung vermuten, sieht es so aus, als ob das Sternbild bei der Sonnenfinsternis nach außen verschoben sei (vgl. Abb. 7). Welche Meßfehler da wegen der Veränderlichkeit der lichtwirksamen Schicht der Fotoplatte, dem Temperaturunterschied im Abbildungssystem während der beiden Messungen usw. entstehen können, läßt sich leicht vorstellen. Außerdem ist die Meßzeit gering: Nur wenige Sonnenfinsternisse in zugänglichen Gebieten treten auf. Daher werden moderne Messungen mit Objekten am Himmel gemacht, die Radiostrahlung abgeben und die jedes Jahr durch die scheinbare Bahn der Sonne einmal überdeckt werden. Die mit der Allgemeinen Relativitätstheorie berechnete Licht(Radiowellen-)-

ablenkung ist heute mit der Genauigkeit von einem Promille empirisch bestätigt. Das ist ein Erfolg gegenüber der Newtonschen Gravitationstheorie, aus der – mit Zusatzannahmen – nur die Hälfte des Effektes gewonnen werden kann.

Aufgrund dieser Anziehung des Lichtes durch die Schwerkraft von Massen, kann eine große Masse wie eine Linse wirken! Eine Galaxie oder ein Galaxienhaufen können die von einem von uns weiter entfernten, hinter ihnen liegenden Objekt kommenden Lichtstrahlen fokussieren und damit ein zweites Bild erzeugen. Das erste wird von direkt von dem entfernten Objekt kommenden, nicht in die Nähe der fokussierenden Galaxie gelangenden Lichtstrahlen geformt. Durch Vergleich charakteristischer Variationen in der Lichtintensität in den beiden Bildern kann der Unterschied in der Laufzeit längs der beiden Wege festgestellt werden. Er kann über ein Jahr betragen. Auch dieser sog. *Gravitationslinsen*-Effekt ist von Einstein frühzeitig beschrieben und inzwischen beobachtet worden. Er äußert sich in der Abbildung von den in unserer Sichtrichtung hinter dem als Linse wirkenden Objekt liegenden Lichtquellen als ein ringförmiger Bogen, ein sog. *Einstein-Ring*. Wenn die fokussierende Galaxie $10^{12} M_\odot$[1] enthält, so beträgt die Winkeldifferenz zweier Punktbilder ungefähr eine Bogensekunde. Durch das in einer Erdumlaufbahn kreisende Hubble-Teleskop ist eine Vielzahl von solchen Gravitationslinsen beobachtbar geworden.

Mit der Lichtablenkung und der Rotverschiebung verknüpft ist der sog. *Laufzeiteffekt* für ein Signal im Gravitationsfeld. Eine genaue Rechnung zeigt, daß die Laufzeit eines Radar-Signals etwa von der Erde zur Venus in der Einsteinschen Theorie größer ist als in der Newtonschen Gravitationstheorie. Der Effekt nimmt zu, je stärker das Gravitationsfeld ist, durch das ein Signal läuft; er ist also größer, wenn das Signal auf seinem Weg zur Venus näher an der Sonne vorbeiläuft, als wenn die Sonne weit weg von der Signalbahn steht. Auf diese Weise und mit Signalen zu Erdsatelliten und Raum-

---

[1] $M_\odot$ = *eine Sonnenmasse*.

proben ist der Effekt auch beobachtet worden. Er muß sogar schon berücksichtigt werden, wenn die Erde mit Hilfe eines aus Erdsatelliten gebildeten Referenz-Systems genau vermessen werden soll. Daher ist er in das Rechenprogramm der GPS-Geräte einbezogen (vgl. Kapitel 5).

10.3 Merkurperiheldrehung

Als weitere Auswirkung der Beschreibung der Schwerkraft durch die Allgemeine Relativitätstheorie ergibt sich eine Abänderung der Newtonschen Gravitationskraft, wenn wir die Bewegung von Körpern in einer Näherung untersuchen, welche die Bewegungsgleichungen in die Form der vor-relativistischen Newtonschen Gleichungen bringt (kleine Geschwindigkeiten der Körper, schwache Gravitationsfelder). Das wirkt sich so aus, als ob ein Zusatz zur Newtonschen Gravitationskraft aufträte, der umgekehrt wie die *dritte* Potenz des Abstandes abfällt.[1] Damit ändern sich die Keplerschen Gesetze: Die Bahn eines Planeten wie der Erde ist keine Ellipse um den gemeinsamen Schwerpunkt des Erd-Sonne-Systems mehr, sondern eine Art Rosette. Das sog. *Perihel*, das ist der sonnennächste Punkt des Planeten auf seiner Bahn, bleibt nicht fest relativ zu den Fixsternen, sondern verschiebt sich langsam bei jedem Umlauf. Da der Effekt um so größer ist, je näher der Planet zur Sonne steht, müßte er beim Merkur am ehesten beobachtet werden können. In der Tat hatten die Astronomen schon vor der Entwicklung der Allgemeinen Relativitätstheorie auf eine winzige Verschiebung des Merkur-Perihels von etwa $\Delta\phi \simeq 43$ (Winkel-)Bogensekunden pro Jahr*hundert* aus den Beobachtungen von zwei Jahrhunderten geschlossen, ohne ihre Ursache zu verstehen (vgl. Abb. 8). Die Einsteinsche Theorie erklärt diese sog. *Perihel-Drehung* mit einer Genauigkeit von 1%. Der Effekt tritt auch bei Satelliten im Gravitationsfeld der Erde auf, wird dort aber wegen seiner

---

[1] Der aus der Allgemeinen Relativitätstheorie verschwundene Kraftbegriff kommt in dieser „Newtonschen" Näherung wieder ins Spiel.

Winzigkeit durch andere, ebenfalls eine Verschiebung der Bahn verursachende Effekte überlagert, etwa von den höheren Momenten der Massenverteilung in der Erde.

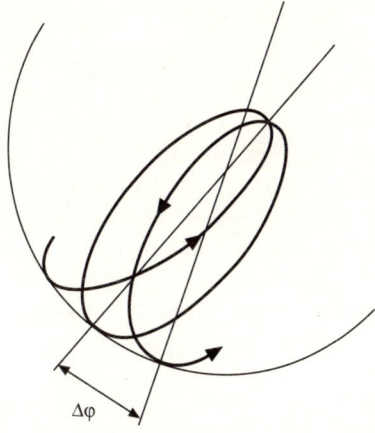

Abb. 8: Periheldrehung. $\Delta\varphi$ beschreibt den Winkel, um den sich der sonnennächste Punkt der Planetenbahn bei einem Umlauf verschiebt.

11. Relativistische Astrophysik

Schwarze Löcher am Himmel

11.1 Schwarze Löcher

Wir „sehen" am Himmel nur solche Objekte, die Licht in Wellenlängen abstrahlen, für die unser Auge empfindlich ist. Durch Konstruktion geeigneter Meßgeräte ist der meßbare Wellenlängenbereich über das Spektrum möglicher Wellenlängen von den ganz kurzen der γ-Strahlung bis zu den ganz langen der Radiowellen erweitert worden. Aber irgend ein Signal aussenden muß das Objekt am Himmel schon, damit es hier beobachtet werden kann? Natürlich kann das Signal an der Empfindlichkeitsgrenze unserer Meßinstrumente liegen. Ein Beispiel dafür bietet die seit 1996 eindeutig positiv beantwortbare Frage, ob andere Sterne als die Sonne ebenfalls planetenähnliche Körper als Begleiter haben. Der Nachweis der Strahlung von solchen möglichen Planeten, die Streulicht ist, macht große Mühe. Wenn jedoch ein solcher Planet in unserer Sichtlinie vor die leuchtende Scheibe des Zentralsterns tritt und ihn verdunkelt, und zwar in regelmäßiger Weise, so könnte seine Existenz erwiesen werden. Der unsichtbare Begleiter würde sich auch in anderer Weise bemerkbar machen: Die Bewegung des sichtbaren Zentralsterns relativ zu benachbarten Sternen verliefe anders, wenn keine mit ihm über das Newtonsche Gravitationsgesetz wechselwirkenden planetaren Begleiter vorhanden wären. Ein zweites Planetensystem mit einem *erd*ähnlichen Planeten ist allerdings noch nicht nachgewiesen.

Es gibt weitere Körper im Weltraum, die nicht direkt beobachtet werden können; in letzter Zeit ist von den sog. „braunen" Sternen die Rede, die einen Teil der „Dunkelmaterie" darstellen sollen. Das sind Sterne geringer Masse ($\simeq 0.08 M_\odot$), bei denen keine Kernfusion im Sterninnern stattfindet und die vermutlich große Gasbälle wie Jupiter oder Saturn sind.

Wir haben jetzt ein Gefühl dafür, wie über ihre Strahlung direkt *nicht* nachweisbare Objekte mit anderen Methoden beobachtet werden können. Zu solchen Körpern gehören die vielzitierten „Schwarzen Löcher". Ihr Name ist eine vulgäre Kurzform für den im Französischen benutzten Begriff „verdunkelter Stern", der den Sachverhalt besser beschreibt.

Machen wir zuerst einen Ausflug in die Geschichte, genauer ins 18. Jahrhundert nach England! Newton hatte in seinem Buch *Die Optik* angedeutet, daß sein Gravitationsgesetz auch auf die hypothetischen Lichtteilchen angewandt werden könnte. Dieser Gedanke wurde von Reverend John Michel (1724–1793) und seinem Freund, dem Physiker Henry Cavendish (1731–1810), aufgenommen. Im Jahr 1784 rechnete Michel aus, daß die Schwerkraft eines Sterns von der Dichte der Sonne, aber mit einem 500fach größeren Radius, so stark ist, daß alles abgestrahlte Licht auf den Stern zurückgebogen wird (Lichtablenkung!). Ein solcher Stern bleibt also von ferne gesehen dunkel. Das ist ähnlich wie bei einer zu langsamen Rakete. Um aus dem Anziehungsbereich der Erde zu gelangen, muß ihre Abschußgeschwindigkeit größer sein als ca. 11,2 km/s; sonst fällt sie auf die Erdoberfläche zurück. Pierre-Simon Laplace (1749–1827), der das Thema aufgriff, kam 1799 in Deutschland zu Worte in einer Arbeit mit dem Titel *Beweis des Satzes, daß die anziehende Kraft bey einem Weltkörper so groß seyn könne, daß das Licht davon nicht ausströmen kann.* Er führte den Begriff Dunkel-Körper (*corps obscur*) für diese Objekte ein. Ob es sie tatsächlich gibt, war damals nicht bekannt; immerhin müßte die Masse eines solchen „Dunkel-Körpers" die Größe von $10^8 M_\odot$ haben. Kugelsternhaufen besitzen Massen von 10^5 bis $10^6 M_\odot$; Galaxien das 10^6 bis 10^{13}fache der Sonnenmasse. Sterne mit einer Masse, die größer als ein paar 100 Sonnenmassen ist, sind auch heute noch nicht bekannt.

Nach dem, was Einsteins Allgemeine Relativitätstheorie sagt, brauchen wir aber gar keine solch riesigen Sterne, sondern ein sehr starkes Schwerefeld, um den beschriebenen Effekt des „Einfangs" von Licht zu bekommen. Es genügen

Sterne, in denen die Materie in einer unvorstellbaren Weise zusammengepreßt ist. Die gegenseitige *Anziehung* von Massen bewirkt, daß ein Stern sich im Laufe der Zeit immer weiter zusammenziehen muß, wenn in seinem Innern nicht Gegenkräfte auftreten. Bei einem heißen Gasball wie der Sonne ist es der Gasdruck, der der Schwerkraft die Waage hält. Bei Sternen, bei denen das die Energieabstrahlung erzeugende nukleare Brennen im Inneren schon zu Ende ist und die sich danach allmählich abgekühlt haben, muß eine andere Ursache vorliegen. Sie hängt mit der quantenmechanischen Unschärferelation zusammen, also der Tatsache, daß die Geschwindigkeit von Teilchen, die durch die Quantenphysik zu beschreiben sind, stark anwächst, wenn sie auf ein kleines Volumen zusammengedrängt werden. Größere Geschwindigkeit von Teilchen in einem festen Volumen bedeutet aber größeren Druck. Bei zwei Typen von beobachteten Sternen spielt dieser Gleichgewichts-Mechanismus die entscheidende Rolle: bei den Weißen Zwergen und den *Neutronensternen*. Wenn es in einem Stern keinen solchen Druckerzeugungs-Mechanismus gibt, so muß er sich ohne Halt immer weiter zusammenziehen: er muß kollabieren.

Weiße Zwerge sind kompakte, schwach leuchtende Sterne von Planetengröße mit der enormen Massendichte von ungefähr einer Million Gramm pro Kubikzentimeter: Das ist eine Tonne pro Fingerhut! Die Teilchen, die in ihrem Innern den die Schwerkraft ausgleichenden Druck erzeugen, sind aus den Atomen herausgerissene Elektronen; wir sprechen von einem Elektronengas. Bei den Neutronensternen ist der durch die gegenseitige Schwerkraft ausgeübte Druck noch größer; hier sind nicht nur die Atome zerquetscht wie bei den Weißen Zwergen, sondern sogar die Atomkerne. Die Energie der Elektronen ist so hoch, daß sie die positiv geladenen Protonen aus den Kernen in ungeladene Neutronen und masselose Neutrinos zerlegen. Nun bildet ein sog. Neutronengas den Gleichgewichtsdruck. Es gibt gute Hinweise darauf, daß eine besondere Art von Sternen, die mit großer Präzision kurze Radiopulse von einigen Millisekunden Dauer aussenden, die sog. *Pulsare*, solche Neutronensterne sind. Ihnen wird die Dichte von Kernmaterie zugeschrieben, also ca. $10^{11} g/cm^3$. Das ist schon die Masse eines ganzen Berges pro Fingerhut, eine Dichte, die unsere Vorstellungskraft lähmt! Nun kommt der springende Punkt: Von der Masse eines Sterns nach seiner Abkühlung hängt seine weitere Entwicklung ab. Überschreitet diese Masse einen bestimmten Wert, so kann sich kein Gleichgewichtszustand zwischen Innendruck und Schwerkraft mehr herausbilden. Damit ein Weißer Zwerg entstehen kann, darf die Ausgangsmasse nicht größer sein als die sog. Chandrasekhar-Grenzmasse, also das 1,44fache der Sonnenmasse. Dagegen ist ein Neutronenstern als Endzustand noch möglich für Sterne einer Größe von ca. 10 bis 18 Sonnenmassen.

Und wenn die Masse doch größer ist? Dann kollabiert der Stern; seine Dichte und Schwerkraft wachsen immer mehr, bis sie schließlich so groß sind, daß Licht nicht mehr von der Sternoberfläche entweichen kann, sondern darauf zurückgezogen wird. Wir können über Strahlung nichts mehr von dem Stern erfahren, insbesondere nicht, ob das Ineinanderstürzen der Materie einmal zu Ende kommt – und wie. Ein unter die Sichtbarkeitsgrenze kollabierter Stern heißt *Schwarzes Loch*. Dieses Gebilde ist kein Loch in der Raum-Zeit-Struktur, sondern ein von der restlichen Welt *informativ* abgekoppelter Teil. Der gedachte Rand dieses Bereichs wird „Ereignishorizont" genannt und von Lichtstrahlen gebildet, die gerade nicht mehr nach außen entweichen können, sondern von der Schwerkraft um den Stern herumgeführt werden. In die Nähe des Ereignishorizontes geratende Materie und Strahlung werden vom starken Schwerefeld des Schwarzen Loches hinter den Horizont gezogen, scheinbar „verschluckt".

Wie können wir feststellen, ob es Schwarze Löcher gibt? Nun, es müssen Effekte ausgenützt werden, die durch das starke Schwerefeld erzeugt und schon sichtbar werden, bevor die beobachtete Materie durch den Horizont gefallen ist. Das kann eine charakteristische Röntgen-Strahlung von interstellarem oder intergalaktischem Gas sein, das auf das Schwarze Loch zufällt und von ihm stark beschleunigt wird und das sich in einer sog. Akkretionsscheibe sammelt. Diese Situation könnte auch in Doppelsternsystemen vorliegen, in denen einer der um ihren gemeinsamen Schwerpunkt kreisenden Sterne ein Schwarzes Loch ist und der Begleitstern Masse abschüttet. Aus der Bestimmung der Bahn und der Umlaufperiode des sichtbaren Sterns in einem Doppelsternsystem lassen sich die Massen der beiden Sterne abschätzen: Liegt eine davon über der Grenzmasse, so haben wir einen ersten Hinweis auf ein Schwarzes Loch. Interessante Spezialfälle sind Doppelsternsysteme aus einem Pulsar und einem Schwarzen Loch bzw. einer sog. Röntgenquelle und einem Schwarzen Loch. Ein Stern-System wie das letzte mit dem Namen Cygnus X_1 in ca. 8 000 Lichtjahren Entfernung ist einer unter mehreren gefundenen Kandidaten für ein Schwarzes Loch: Die Masse des unsichtbaren Begleitsterns ist größer als die Grenzmasse.

Schwarze Löcher werden auch im zentralen Kern von Galaxien vermutet, in dem sich die Sternmaterie verdichtet. So etwa im von leuchtenden Gas- und Staubwolken umgebenen und daher nicht direkt sichtbaren Zentrum unserer Milchstraße. Durch Präzisionsmessungen von Sternbewegungen im Infrarot wurde dort eine Massenkonzentration auf engstem Raum von 1 bis $2 \cdot 10^6$ $M_\odot$ festgestellt, die als Schwarzes Loch interpretiert werden könnte. Da Röntgenstrahlung aus diesem Gebiet nicht beobachtet wird, scheint entweder keine Materie hineinzufallen oder nur sehr langsam. Vermutlich wird es noch eine Weile dauern, bis wir sicher sein können, ob Schwarze Löcher, die es nach der Allgemeinen Relativitätstheorie geben sollte, wirklich existieren. Eine Krisenstimmung wegen der zerstörerischen Anziehungskraft Schwarzer Löcher, wie sie etwa in einem Buch aus den 70er Jahren mit dem Titel *Schwarze Löcher: das Ende des Universums?* verbreitet wurde, war und ist fehl am Platze.

11.2 Gravitationswellen

Nachdem 1887 die Existenz von elektromagnetischen Wellen durch Heinrich Hertz (1857–1894) im Experiment bestätigt worden war, setzte sich der Gedanke schnell durch, daß sich auch das Schwerefeld als eine Welle fortpflanzen könne. Wir lesen etwa in *Bernstein's Naturwissenschaftlichen Volksbüchern* von 1897 (Teil 1, S. 20): „Wir werden vermuten dürfen, daß auch die Fortpflanzung der Anziehungs- und Schwerkraft durch Wellenschwingungen des Äthers vermittelt wird, und zwar mit der Geschwindigkeit von 300 000 Meilen pro Sekunde. Wie groß aber die Wellen der „Anziehungsstrahlen" – so könnten sie genannt werden – sind, wissen wir noch nicht." 100 Jahre später ist dieser Satz noch genau so gültig – abgesehen von dem damaligen Schreibfehler „Meilen" statt „km"! Der Name „Anziehungsstrahlen" hat sich nicht durchgesetzt; wir benutzen heute den Ausdruck „Gravitationswellen". Der Begriff „Schwerewellen" bezieht sich auf einen anderen Effekt; die periodische Änderung der Schwerkraft im Erde-Sonne-Mond-System, die die Gezeiten hervorruft, erzeugt auch Dichteschwankungen in der Erdatmosphäre, die so genannt werden.

Zwei Probleme stehen heute im Vordergrund des wissenschaftlichen Interesses: Wie entstehen Gravitationswellen? Durch Beschleunigung von Massen im Labor herstellbar sind sie wegen der unmeßbar kleinen Effekte nicht. Und: Wie können sie nachgewiesen werden? Vorher muß aber ein grundsätzliches Problem geklärt werden: Was genau sind Gravitationswellen? Schließlich ist das Schwerefeld in der Allgemeinen Relativitätstheorie in das Abstandsmaß eingearbeitet. Eine „Welle im Abstandsmaß" oder „Raum-Zeit-Welle" bedeutet demnach, daß sich Raum- und Zeitintervalle in dem Gebiet periodisch ändern, über das die Gravitationswelle hinwegstreicht. Also wird sich die relative Lage von Massen ändern. Um dies festzustellen, müssen wir Maßstäbe und Uhren haben, die sich nicht in gleicher Weise mitverändern wie die Nachweisapparatur.

Die Rechnung im Rahmen der Schwachfeld-Näherung der Allgemeinen Relativitätstheorie zeigt, daß Gravitationswellen wie die elektromagnetischen Wellen *transversal* sind. Das bedeutet, daß die Schwingungsrichtung *senkrecht* zur Ausbreitungsrichtung der Welle ist. Wenn eine solche Welle über Massen hinwegläuft, so werden diese in Ebenen senkrecht zur Ausbreitungsrichtung der Welle relativ zueinander beschleunigt. Zum Beispiel wird ein Kreisring von Teilchen durch die Gravitationswelle in einer Richtung gestreckt und in einer anderen gestaucht. Während elektrische Wellen durch schwingende *Ladungs*-Dipole erzeugt werden, wie sie Sendeantennen darstellen, gibt es keine *Massen*-Dipolmomente. Für Gravitationswellen brauchen wir zeitlich veränderliche Massen-*Quadrupole*. Einen „Quadrupolformel" genannten Ausdruck für die pro Sekunde abgestrahlte Energie der Gravitationswellen leitete Einstein schon 1916 her.

Die als Meßinstrumente zunächst benutzten Geräte waren tonnenschwere, gegen jede Art von Erschütterungen isolierte, tiefgekühlte Aluminium-Zylinder, die durch eine darüberstreichende Gravitationswelle zu einer Eigenschwingung in der Größenordung von 1–2 Kilohertz angeregt werden sollten. Diese Eigenschwingung würde dann nach Umwandlung in eine elektrische nachgewiesen werden können. Relative Lageänderung der Zylinderteile von 10^{-18} cm sind an solchen Instrumenten schon gemessen worden. Nach anfänglichem Optimismus und abgeschlossenen Wetten darüber, in welchem Jahr Gravitationswellen gefunden sein würden, stellte sich dann durch genauere Überlegung heraus, daß die Intensität der vermuteten Strahlungsquellen noch um drei Zehnerpotenzen *unterhalb* dessen lag, was die heutigen Zylinder-Detektoren nachweisen können.

Die nächste Generation von wesentlich empfindlicheren Detektoren ist im Vorversuch erprobt und wird gerade gebaut. Das Meßprinzip ist das des Interferometers: Lichtstrahlen werden in den zwei Armen eines solchen Instruments hin und her reflektiert und dann zur Interferenz gebracht. Eine über das Interferometer hinweglaufende Gravitationswelle würde die Länge von Interferometerarmen, die etwa senkrecht zueinander gerichtet sind, verschieden beeinflussen und damit das Interferenzbild ändern. Die Empfindlichkeit hängt von der Länge des Lichtweges ab. Um eine Chance des Nachweises bei den zu erwartenden Intensitäten zu haben, müßten die Interferometerarme Hunderte von Kilometern lang sein. Durch Spiegel, mit denen das Licht an beiden Enden der Laufstrecke hunderte Male reflektiert wird, können die Arme jedoch auf die Größenordnung von Kilometern verkürzt werden. Bei jeder Reflektion verliert das Licht an Intensität, so daß dieser Trick nicht beliebig oft benutzt werden kann. Der GEO-Detektor in der Nähe von Hannover hat eine Armlänge von 600 m und soll 1999 mit den Messungen beginnen (relative Empfindlichkeit von 10^{-21} bei 100–500 Hertz).

Als Entstehungsmechanismen für Gravitationsstrahlung werden Supernova-Explosionen, also der Kollaps von Sternmaterie zu einem Neutronenstern oder die letzte Phase des Umlaufs miteinander verschmelzender Doppelsterne angenommen. Von den letzteren Ereignissen könnten in einer Umgebung um uns von einem Radius von 450 Millionen Lichtjahren vielleicht drei jährlich gemessen werden. Gravitationswellen von solchen Quellen wurden noch nicht entdeckt. Leider waren bei der letzten von der Erde aus gut beobachtbaren Supernova-Explosion nicht alle der normalerweise in Betrieb befindlichen Gravitationswellen-Antennen angeschaltet. Es wurde kein Signal beobachtet. Seit 1974 wird aber ein Doppelstern-System beobachtet, der sog. Binärpulsar PSR 1913+16, dessen einer Teilstern Radiopulse von fast 60 Millisekunden Dauer ausstrahlt. Pro Jahr erfolgen etwa 1000 Umläufe der Sterne umeinander. Daher konnte das System seither mit großer Genauigkeit vermessen werden. Es zeigt sich, daß die Umlaufgeschwindigkeit mehr als zehnmal größer ist als die Umlaufgeschwindigkeit der Erde um die Sonne und daß die Massen beider Sterne fast das Eineinhalbfache der Sonnenmasse haben: Es liegt ein relativistisches System vor. Die wichtigste Beobachtung ist aber, daß die Bahnperiode des Pulsars im Laufe der Zeit *abnimmt*; die relative Änderung ist zwar winzig, aber feststellbar, nämlich ca. $-2,4 \cdot 10^{-12}$. Unter der Annahme, daß die Verlangsamung des Umlaufes durch Abstrahlung von Gravitationswellen erklärt werden kann, ergibt die Anwendung von Einsteins Quadrupelformel eine verblüffende Übereinstimmung mit dem beobachteten Wert. Daher sprechen viele Astrophysiker von einem ersten indirekten Nachweis der Gravitationsstrahlung an diesem System.

Den klassischen Gravitationswellen würden in einer Quantentheorie der Gravitation, die trotz vieler Bemühungen noch nicht zustande gekommen ist, Quanten entsprechen. Diese Quanten heißen *Gravitonen*; aber bisher stecken sie noch ausschließlich in den Köpfen der Physiker.

12. Milchstraßen und Kosmologie

Erbsenzählerei oder Begegnung mit dem Unendlichen?

Kosmos, Weltall, Universum. Häufig lesen wir diese Wörter in den Zeitungen und oft begleitet von Behauptungen über spektakuläre Veränderungen unseres Weltbildes. In der Zeitungssprache beginnt das Weltall fast schon vor unserer „Haustüre", jedenfalls gehört der Raum zwischen Erde und Mond dazu. In ihm bewegen sich die Raumschiffe und Astronauten, die mit dem aus dem Russischen stammenden Ausdruck auch „Kosmonauten" genannt werden. Aber eigentlich ist klar, daß „Kosmos" doch etwas Größeres sein muß, das größte denkbare System, das *alles* umfaßt. Deswegen sprechen wir ja von dem Einen, dem „Universum". Allen Ernstes müßte jeder Schmetterling und jeder Windhauch, jedes Gedicht und jeder Klang mit eingeschlossen sein. Und natürlich unsere Gedanken, die schon gedachten und die noch zu denkenden. Das ist aber zuviel des Guten – jedenfalls, wenn wir eine Wissenschaft betreiben wollen, aus der in endlicher Zeit etwas Praktisches folgt.

In der Physik müssen wir uns beschränken und uns Menschen, unsere individuellen und gesellschaftlichen Probleme, sowie die ganze Biosphäre aus der Beschreibung des „Kosmos" ausgrenzen. Übrig bleibt allein die *unbelebte* Materie in Form von großen massiven Körpern wie Planeten, Sternen, Haufen von Sternen, Milchstraßen (auch Galaxien genannt) und größeren Systemen, die durch die Schwerkraft aufeinander einwirken. Das sind die Objekte der physikalischen Kosmologie. Für sie können wir hoffen, etwas von der „Ordnung" zu erfahren und zu begreifen, die das Wort „Kosmos" ausdrückt. Im Vergleich mit den frühen kosmologischen Mythen voller Götterstreit und voller gewalttätiger Natur ist das physikalische System Kosmos recht langweilig; das ist der Preis, den wir dafür entrichten müssen, damit der „Kosmos" naturwissenschaftlich erfaßbar wird. Die „Begegnung mit dem Unendlichen" reduziert sich auf das Studium von „Randpunkten" der Raum-Zeit. Die physikalische Kosmologie weitet den Erfahrungsbereich von der nächsten Umgebung der Erde und des Planetensystems zu immer größeren massereichen Systemen aus – in Abhängigkeit von der Entwicklung der Beobachtungsinstrumente (Teleskope, Energiemeßgeräte usw). Was sie „Kosmos" nennt, ist also kein ein für allemal definiertes System, sondern ein von den Kenntnissen der jeweiligen Zeit abhängiges Gebilde. Auch das unterscheidet die physikalische Kosmologie vom Kosmosbegriff der Philosophen und Theologen. Als wichtigste Züge des Bildes vom physikalischen Kosmos werden wir finden, daß er eine Geschichte besitzt, in der sich seine Eigenschaften stark geändert haben und daß diese *Geschichte* sich nicht beliebig lange in die Vergangenheit fortsetzen läßt.

12.1 Was wir vom Kosmos erfahren

Jede unmittelbare Information über die großräumige Verteilung von Massen in Form von Sternen, Sternhaufen, Gaswolken, Staub, Galaxien, quasistellaren Radioquellen (Quasare), Haufen von Galaxien usw. erhalten wir als elektromagnetische Signale im ganzen Wellenlängen-Spektrum (von Röntgenstrahlen über Mikro- zu Radiowellen) oder in Form von hochenergetischen Teilchen der Ruhmasse Null (γ-Quanten, Neutrinos). Wir „sehen" die strahlenden Objekte in einer bestimmten Richtung am Himmel oder über einen ganzen räumlichen Winkelbereich ausgedehnt.

Aber wie weit sind sie von uns in der Sichtlinie entfernt? Das ist eine entscheidende Frage der Kosmologie. In unserer nächsten Umgebung können wir Entfernungen mit Hilfe der Dreiecksgeometrie aus einer Grundlinie und zwei Winkeln bestimmen. Als Grundlinie dient etwa die (mittlere) Entfernung der Erde von der Sonne, die sog. astronomische Einheit (abgekürzt: a.u.; $1 a.u. = 1,496 \cdot 10^8$ km). Als Parallaxe wird die *Hälfte* des Winkels gegenüber der Grundlinie definiert. Auf die astronomische Einheit bezogen, bedeutet 1 parsec (Abkürzung 1pc) die Entfernung eines Objektes, dessen Parallaxe eine Bogensekunde beträgt: $1pc \simeq \frac{1 a.u.}{1''} = \frac{3600 \cdot 180 \, a.u.}{\pi} \simeq 3{,}26 \, Lj$; ein Lichtjahr (Lj) entspricht $0{,}946 \cdot 10^{13}$ km. Da Winkel gegenwärtig aber nur bis zur Größenordnung von zwei tausendstel Bogensekunden gemessen werden können (im Radiobereich), ist diese Methode nur bis zu Entfernungen von ca. 500 pc anwendbar.

Für weiter entfernte Objekte werden indirektere Methoden benutzt. Je näher ein Stern, desto heller wird er sein. Der Versuch, über die von unseren Instrumenten gemessene Helligkeit weiterzukommen, bietet sich an. Der gesamte Energiefluß, also die pro Sekunde abgegebene Energie eines strahlenden Objektes, heißt *Leuchtkraft* L; die auf die senkrecht zur Sichtlinie ausgerichtete Fläche eines Strahlungsmeßgerätes fallende Energie pro Flächeneinheit wird als *scheinbare Leuchtkraft* l (auch: scheinbare Helligkeit) bezeichnet. Die Leuchtkraft eines von uns d km entfernten Sterns verteilt sich auf eine Kugelfläche vom Flächeninhalt $4\pi d^2$. Damit folgt $L = 4\pi d^2 \cdot l$. Würden wir *l und L* kennen, so könnte die Entfernung d bestimmt werden. Wir müssen aber Annahmen über die nicht direkt meßbare Leuchtkraft L des entfernten Objektes machen. Dabei hilft die Erfahrung der Astronomen weiter: Es gibt Sterne, sogenannte *Standardkerzen*, die alle dieselbe Leuchtkraft zu haben scheinen. Etwa die *Delta-Cepheiden*; das sind veränderliche Sterne mit einer zwischen einem Maximum und einem Minimum schwankenden Helligkeit. Die Schwankungen sind regelmäßig mit Perioden zwischen Stunden und 50 (selten 100) Tagen. Die Astronomin Henrietta Leavitt (1868–1921) entdeckte solche Sterne in den Magellanschen Wolken und einen Zusammenhang zwischen ihrer scheinbaren Leuchtkraft und der Periode. Es liegt nahe anzunehmen, daß alle Cepheiden-Sterne mit der gleichen Helligkeitsperiode auf Grund eines bei allen gleichartig ablaufenden physikalischen Prozesses *dieselbe* Leuchtkraft L haben. Ist etwa ein Cepheiden-Stern im trigonometrisch vermessenen Sternhaufen Hyaden gefunden, so läßt sich aufgrund der bekannten Entfernung seine Leuchtkraft berechnen. Finden wir nun weit entfernte Cepheiden derselben Periode, deren scheinbare Leuchtkraft gerade noch gemessen werden kann, so kann nach der oben angegebenen Formel die Entfernung d ausgerechnet werden. Mit dieser Methode können Entfernungen in unserer Milchstraße und darüber hinaus bestimmt werden. Es zeigt sich, daß die 10^{13} Sterne unserer Milchstraße eine zur Mitte hin angedickte Scheibe mit einem Radius von ungefähr 30 000 pc bilden. Auch andere Milchstraßen (Galaxien) in der Nähe der unsrigen, wie die große und die kleine Magellansche Wolke, enthalten Cepheiden. Dadurch wurde ihre Entfernung zu ca. $50 \cdot 10^3$ pc berechnet. Seit der Reparatur des Teleskops im „Hubble"-Satelliten lassen sich sogar Cepheiden in der Virgo-Galaxie abbilden: Sie ist ungefähr $16 \cdot 10^6$ pc von uns entfernt. Das ist schon fast unvorstellbar: Das Licht von dort ist über 50 Millionen Jahre zu uns unterwegs gewesen! Als es abging, waren auf der Erde die Dinosaurier schon ausgestorben. Wie diese Galaxie heute aussieht, können Menschen auf der Erde erst in weiteren 50 Millionen Jahren wissen, falls die Menschheit solange überlebt und ihr wissenschaftliches und technisches Niveau behält. An diesen Daten über einige wenige große Massen im Kosmos ergibt sich, daß wir niemals eine „Momentaufnahme" des Kosmos bekommen können, sondern nur ein Bild vergangener Zustände. Unsere Erfahrung von den von uns entfernten Körpern ist eine *museale*: Wir beobachten diese fernen Teile des Kosmos wie sie einmal waren, nicht wie sie jetzt sind. Das liegt an der endlichen Ausbreitungsgeschwindigkeit aller Information; wir erhalten sie ausschließlich aus Richtungen auf dem Lichtkegel bzw. aus seinem Inneren: in Form etwa von massiven Teilchen der kosmischen Höhenstrahlung. Im Prinzip ist die Vergangenheit erdgeschichtlicher Epochen, abgebildet durch das gestreute Sonnenlicht, noch als Signal in den Weiten des Kosmos unterwegs.

Aufgrund der Entfernungsmessungen ergibt sich folgende Verteilung der leuchtenden Materie in unserer „Nachbarschaft": Etwa 30 Galaxien bilden eine Materieverdichtung von ≃ 1 Mpc (1 Megaparsec = 10^6 pc) Durchmesser, einen sog. Galaxienhaufen, der Lokale Gruppe genannt wird und zu dem neben den Magellanschen Wolken auch der Andromeda-Spiralnebel gehört. Andere Galaxienhaufen folgen weiter draußen, wie Ursa Major, Centaurus und Virgo. In noch größerer Entfernung lassen sich mit den gegenwärtig arbeitenden Teleskopen keine Cepheiden mehr abbilden, so daß andere Verfahren der Entfernungsbestimmung angewandt werden müssen. Wir wollen diese hier nicht beschreiben, sondern stellen fest, daß durch verläßliche empirische Verfahren bisher leuchtende Materie in Entfernungen von bis zu 200 Mpc gefunden wurde. Es gibt viele Anzeichen dafür, daß die Galaxien und Galaxienhaufen auf den größten beobachteten Längenskalen in einer netz- oder wabenähnlichen Struktur angeordnet sind. Sie umschließen „voids" genannte „Hohlräume". Das sind Bereiche mit sehr viel geringerer Materiedichte von einer Ausdehnung von 50–100 Mpc.

All diese Objekte sitzen nun nicht still auf ihrem Platz am Himmelsgewölbe, den ihnen Aristoteles zuweisen wollte, sondern bewegen sich relativ zueinander und zu uns. Die Sonne etwa läuft mit $\simeq 220\,km/s$ um das galaktische Zentrum und mit ungefähr $300\,km/s$ relativ zum Massenschwerpunkt der Lokalen Gruppe. Wie ordnen wir dieses von unserer irdischen Warte aus allerdings nur nach präziser Beobachtung erfaßbare Gewimmel am Sternhimmel? Gibt es denn ein Bezugssystem, auf das wir uns verlassen können? Glücklicherweise ja! Seit 1964 ist eine Strahlung im Mikrowellenbereich bekannt, die sog. Kosmische Hintergrundstrahlung. Ihre Energieverteilung als Funktion der Wellenlänge entspricht der Wärmestrahlung eines außerordentlich kalten Körpers von ca. 2,7 K. Zum Vergleich: Die Verflüssigungstemperatur von Helium ist ca. 4,2 K! Da sie nicht von einzelnen Objekten stammen soll, sondern die Temperaturstrahlung der gesamten Materieverteilung im Kosmos zu einer früheren Zeit darstellt, ist sie in hohem Maße isotrop (richtungsunabhängig). Das Bezugssystem, in dem die kosmische Hintergrundstrahlung isotrop ist, kann als ausgezeichnetes Bezugssystem dienen. Hierauf beziehen wir die Eigenbewegungen der Galaxien und

Galaxienhaufen. So bewegt sich etwa die Lokale Gruppe gegenüber diesem System mit ca. 600 km/s.

Daß es ein bevorzugtes Bezugssystem gibt, steht nicht im Widerspruch zur Relativitätstheorie. Jedes andere Bezugssystem ist gleichberechtigt, auch wenn die Beschreibung der Bewegungsvorgänge in ihm komplizierter sein kann.

Die kosmologische Hintergrundstrahlung ist einer der drei *empirischen* Grundpfeiler, auf denen unsere gegenwärtige Vorstellung vom Kosmos beruht. Die beiden anderen sind der Hubble-Fluß und die Verteilung der chemischen Elemente. Der Hubble-Fluß, der nach dem Astronomen Edwin Powell Hubble (1889–1953) benannt ist, beschreibt das gemeinsame Auseinanderlaufen und Von-uns-Wegstreben der Galaxien. Die Ausmessung der Spektren von Galaxien an den großen Teleskopen in den USA zeigte ab 1913, daß die überwältigende Mehrzahl eine *Rot*verschiebung der Spektrallinien aufweist. Wird sie mit Hilfe des Dopplereffektes gedeutet, so heißt dies, daß alle diese Galaxien von uns und voneinander fliehen. Hubbles Beitrag war die erste genaue Erprobung der Entfernungsmessung mittels der Perioden-Leuchtkraftbeziehung der Cepheiden-Sterne. Die wenigen beobachteten Blauverschiebungen wie zum Beispiel am Andromedanebel weisen auf die oben erwähnten Eigenbewegungen hin, die sich der allgemeinen „Nebelflucht" überlagern: Innerhalb der Lokalen Gruppe bewegt sich die Andromeda-Galaxie eben auf unsere Milchstraße zu, während der Schwerpunkt der Lokalen Gruppe sich von den Massenmittelpunkten der anderen Galaxienhaufen entfernt.

Dabei ist vorausgesetzt, daß sich die kosmische Expansion *nicht innerhalb* der Galaxien und Galaxienhaufen bemerkbar macht. Diese sind also die „starren Maßstäbe", mit denen die Veränderungen auf der größten kosmischen Längenskala ausgemessen und die mit den starren Maßstäben auf der Erde abgeglichen werden.

Als dritte Säule für die gegenwärtige Vorstellung vom physikalischen Kosmos ziehen wir die beobachtete Häufigkeitsverteilung der chemischen Elemente heran. Wieder schließen wir aus Absorptions- oder Emissions-Spektren auf das Vorkommen von bestimmten Elementen in Bereichen der Milchstraße und in weiter entfernten Objekten. Allerdings ist ^{4}He das einzige Element, dessen Vorkommen bisher *sicher* auch außerhalb unserer Milchstraße beobachtet wurde. Zur Zeit häufen sich die Arbeiten, in denen die Beobachtung auch extragalaktischen Deuteriums beschrieben wird. Helium ist das zweithäufigste Element im Kosmos nach dem Wasserstoff mit ca. 25% relativer Häufigkeit. Inzwischen ist bekannt, daß das Innere von Sternen vom Typ der Sonne wie ein Fusionsreaktor arbeitet: Protonen, also Wasserstoff-Kerne werden zu Helium-Kernen unter Abgabe der Bindungsenergie verschmolzen.[1] Die Helium-Kerne können mit weiteren Protonen zu Beryllium, Lithium, Bor und höheren Elementen wie Kohlenstoff und Sauerstoff reagieren. Am Ende der „Brennzeit" eines stellaren Fusionsreaktors sind die leichten Elemente wie Wasserstoff, sein schwereres Isotop Deuterium und Helium in der Synthese der höheren Elemente fast völlig aufgebraucht worden. Nur ca. 5% des beobachteten Heliums bleiben nach der Nukleosynthese in Sternen übrig. Das folgt aus Sternentwicklungsrechnungen, die wiederum durch die Beobachtung der von den Sternen abgegebenen Energien und ihrer Atmosphären überprüft werden. Es muß also noch weitere Mechanismen zur Erzeugung der leichten Elemente geben. Eine genaue Rechnung zeigt, daß bei Temperaturen von *Milliarden* Grad Kernreaktionen ablaufen können, welche die leichten Elemente in ausreichender Menge synthetisieren. Wo und wann gibt bzw. gab es solche mörderischen Temperaturen im Kosmos? In den Sternen selbst herrschen Temperaturen „nur" von einigen *Millionen* Grad. Es liegt nahe, zu vermuten, daß der Kosmos in einer früheren Zeit so heiß gewesen ist und sich seither abgekühlt hat. Das paßt mit der Beobachtung der Mikrowellen-Hintergrundstrahlung und mit der Vorstellung,

---

[1] Da kein funktionierender Fusionsreaktor existiert, wäre es ehrlicher, gerade umgekehrt zu formulieren: Ein Fusionsreaktor soll so ähnlich arbeiten wie die Zentralregion der Sonne.

daß sich der Kosmos immer weiter ausdehnt (Hubble-Fluß), zusammen. Aus der Thermodynamik wissen wir, daß sich ein expandierendes Gas, das mit seiner Umgebung keine Wärme austauschen kann, abkühlen muß (adiabatische Expansion). Das wird bei Kältemaschinen angewandt. Und mit welchem Gebilde sollte das „Galaxien-Gas" denn Wärme austauschen? Wenn sich die Temperatur in einem Jahr nur um 1 Grad Kelvin abgekühlt hätte, so müßte der Kosmos jetzt Milliarden Jahre alt sein.

Dieses Mindestalter muß er andererseits auch haben, da die ältesten Gesteine auf der Erde schon ca. $3,7 \cdot 10^9$ Jahre, die ältesten Meteoriten ca. $4,6 \cdot 10^9$ Jahre alt sind. Diese Altersangaben, deren Genauigkeit 1–2 Prozent beträgt, folgen aus dem Zerfall radioaktiver Elemente in den Gesteinsproben. Den ältesten Sternen wird sogar ein Alter von über zehn Milliarden Jahre zugemessen.

12.2 Grundannahmen der kosmologischen Modellbildung

Da wir das Universum von einem festen Platz aus beobachten müssen, da entzifferbare Nachrichten von intelligenten Bewohnern ferner Bereiche ausstehen, bleibt uns nichts anderes übrig, als unser örtliches Gebundensein durch geistige Beweglichkeit zu ersetzen. Wir müssen Annahmen machen, die noch nicht oder sogar niemals durch messende Erfahrung verifiziert werden können. Solche Hypothesen dürfen allerdings nicht zu überprüfbaren *inkonsistenten* Folgerungen führen.

Wir nehmen also an, daß die physikalischen Gesetze, wie sie hier und heute gelten, überall anderswo im Kosmos und zu allen Zeiten gültig waren und sind. Weiter setzen wir voraus, daß der Kosmos nicht aus unzusammenhängenden Stücken besteht, zwischen denen kein Informationsaustausch möglich ist. Und schließlich erweitern wir unseren lokalen Erfahrungshorizont (Erde, Planetensystem) auf den ganzen Kosmos durch Annahme des sog. *kosmologischen Prinzips*: „Zu einer festen Zeit ist kein Ort im Kosmos vor einem anderen ausgezeichnet." Da dieser Satz in der physikalischen Kosmologie nur auf die Materieverteilung angewandt wird, ist er zwar einschränkend für die Modellbildung, aber sonst nicht weiter aufregend. Die Existenz eines Mittelpunkts des Kosmos ist damit ausgeschlossen oder, anders ausgedrückt: Jeder Punkt im Kosmos ist dessen Mittelpunkt. Die durch das kosmologische Prinzip geforderte *homogene* Materieverteilung ist völlig strukturlos.

Im Bild des Kosmos der Theologen und Philosophen dagegen drückt das kosmologische Prinzip eine ganze Weltanschauung aus; es raubt der Erde und dem Geschehen auf ihr jede besondere Bedeutung im Kosmos. Vor 500 Jahren waren öffentliche Äußerungen dazu in Teilen des christlichen Europa lebensgefährlich; hoffen wir, daß sie es heute in keiner anderen Weltgegend sind.

Wie paßt die angenommene Homogenität der Materieverteilung zu ihrer Beobachtung als klumpig verteilte Galaxien und Galaxienhaufen? Nun, für die Modellbildung wird die tatsächliche Situation durch Mittelbildung vereinfacht: Über Skalen von 100–200 Mpc ergibt sich ein fast gleichmäßiges Vorkommen der Sternsysteme. Die tatsächliche Verteilung der Materie in Form von Galaxien und der anderen Überstrukturen muß dann durch Strukturbildungstheorien erklärt werden. An solchen Theorien wird eifrig gearbeitet, bisher noch mit bescheidenem Erfolg. Im Unterschied zum Raum nehmen wir für die Zeit kein Homogenitätspostulat an. Es kann also ausgezeichnete Zeitpunkte geben, wir dürfen von der *Geschichte* des Kosmos sprechen. In der Tat zeigt sich, daß die gegenwärtig mit den Beobachtungen am besten verträglichen kosmologischen Modelle auf ein endliches „Alter" des Kosmos zwischen 10 und 20 Milliarden Jahren führen.

12.3 Das Standardmodell

Die über die größten Beobachtungsskalen ausgemittelte Materieverteilung modellieren wir in der Form eines strömenden Gases oder einer Flüssigkeit ohne Strudel. Die fiktiven Flüssigkeitsteilchen entsprechen der großräumig verteilten Materie in Form von Galaxien und Haufen von Galaxien. Durch diese Annahme haben wir die Existenz eines *momentanen* Ruhsystems zugelassen, also eines von allen mitschwimmenden Teilchen gebildeten Systems, in dem sie ruhen. Das momentane Ruhsystem soll dem dreidimensionalen *Gleichzeitigkeits*-Raum zu einem festen Zeitpunkt entsprechen; an unserem Ort im Universum ist das gerade der Anschauungsraum. Der dadurch eingeführte Zeitparameter heißt kosmologische Zeit oder *Epoche* und hat einen *absoluten* Charakter. Wir identifizieren ihn mit der Atomuhr-Zeit. Es ist offensichtlich, daß wir Uhren auf Galaxien, die Millionen von Lichtjahren von einander entfernt sind, nicht mit dem in Kapitel 3 geschilderten Verfahren synchronisieren können. Nehmen wir weiter an, daß jedes Materieteilchen dieser kontinuierlich verteilten Galaxien und Galaxienhaufen im Gravitationsfeld aller anderen frei fällt und beschreiben die Schwerkraft durch die Einsteinsche Allgemeine Relativitätstheorie, so haben wir die wesentlichen Eingaben für das kosmologische Standardmodell beisammen.

Aus den Einsteinschen Feldgleichungen folgen dann die Friedman-Lemaîtreschen kosmologischen Lösungen (nach dem Mathematiker und Meteorologen Alexandrej Friedman [1888–1925] und dem Jesuiten und Astrophysiker Georges Lemaître [1894–1966]). Sie werden durch Gleichzeitigkeitsräume *konstanter* Krümmung beschrieben und durch eine Funktion der Zeit, die oft *Weltradius* S(t)) genannt wird. Direkt gemessen werden kann dieser „Radius" nicht. Seine Zeitabhängigkeit beschreibt die Expansion des Kosmos und kann mit dem beobachteten Hubble-Fluß zusammengebracht werden. Die *relative* Änderung des Weltradius zur Jetztzeit heißt Hubble-Parameter und ist ein Maß für den Hubble-Fluß. Gegenwärtig ist der Hubble-Parameter nur bis auf einen Faktor 2 genau bekannt. Er liegt zwischen 40 und 100 km/s pro Megaparsec. In den beiden letzten Jahren sind so unterschiedliche Werte wie 57 bzw. 85 km/s pro Megaparsec angegeben worden, was zur Aufgeregtheit sogar in einigen Gazetten geführt hat.

Was die Gleichzeitigkeitsräume betrifft, so gibt es drei Typen von Räumen konstanter Krümmung: wenn diese verschwindet oder positiv oder negativ ist. Die drei Möglichkeiten werden durch einen Parameter k beschrieben, der die Werte k = 0, +1, −1 annimmt. Der erste Fall k = 0 ist der des euklidischen Anschauungsraums, den uns unsere Sinne in unserer allernächsten Umgebung vorspiegeln. Er läßt sich in jeder Dimension ohne Grenze fortsetzen, ist also unendlich ausgedehnt. Es ist allerdings möglich, durch Identifikation von Punkten die globalen Verhältnisse zu ändern. Denken wir an ein rechteckiges Blatt Papier, und rollen wir es zu einem Zylinder auf. Hierbei werden die rechte und die linke Kante (oder die obere und untere) identifiziert. Wir stellen uns das aufgerollte Blatt als 2-dimensionalen Minkowski-Raum vor. Die Zeitachse soll in die Richtung der Zylinderachse fallen. Auf dieser Zylinder-Welt treffen sich die Strahlen des Lichtkegels in einem Ereignis nach der Umrundung des Zylinders wieder in einem Punkt. Die Zusammenhangsverhältnisse sind also völlig anders als in der euklidischen Ebene. Die innere Krümmung ändert sich durch die Identifizierung von Punkten jedoch nicht. In unserem Beispiel bleibt sie Null.

Die zweite Möglichkeit (k = +1) ist in Abschnitt 9.1 dadurch anschaulich gemacht worden, daß Schnitte durch einen „Großkreis" jeweils eine Kugel ergeben. Wesentlich ist, daß der Gleichzeitigkeitsraum von *endlicher* Ausdehnung, aber *unbegrenzt* ist, eben wie die Kugeloberfläche. Ein in diesem Fall für den expandierenden Kosmos zur Veranschaulichung oft benutztes Bild ist das eines mit Galaxien-„punkten" bedruckten Luftballons, der aufgeblasen wird. Alle Punkte auf dem Luftballon entfernen sich im Laufe der Zeit voneinander. Irreführend an diesem Bild ist aber, daß sich der Luftballon in den dreidimensionalen Gleichzeitigkeitsraum hinein ausdehnt, wir uns für die Expansion dieses dreidimensionalen Raumes selbst jedoch keinen höherdimensionalen Einbettungsraum vorstellen müssen und auch gar nicht können.

Die Gleichzeitigkeitsräume konstanter negativer Krümmung (k = −1) sind, von komplizierten topologischen Konstruktionen abgesehen, räumlich unendlich. Manchmal wird versucht, sie als Sattelflächen anschaulich darzustellen.

Alle drei Familien von Lösungen haben einen zeitlichen *Anfang*, der durch ein unbeschränktes Anwachsen von Materiedichte und Temperatur gekennzeichnet ist. Er wird als explosiver Beginn der Entwicklung des Universums dargestellt und salopp „Urknall" genannt: Der „Weltradius" wächst vom Wert Null an mit einer Potenz der Zeit. Zuerst dominiert Strahlung; nach der Bildung der einfachsten Elemente dann Materie. Im Fall $k = +1$ existiert auch ein *Endpunkt* der Entwicklung, in dem nach maximaler Verdünnung der Materie im Kosmos diese sich wieder zusammenzuziehen beginnt und erneut in einen „Punkt" komprimiert wird. Er könnte endgültiger Zusammenbruch oder „Endplumps" genannt werden. In beiden anderen Modellen ($k = 0, -1$) folgt zeitlich unbegrenzte Verdünnung der kosmischen Materie: Im expandierenden Kosmos erfriert und erstickt alles Leben. (Vgl. Abb. 9 für die Darstellung der 3 Modelle.)

Welches dieser Modelle die beobachtete großräumige Materieverteilung am besten beschreibt, läßt sich heute noch nicht entscheiden. Aufgrund der Messung des Hubble-Parameters und der Schätzungen über das Alter der ältesten Objekte im Kosmos wissen wir, daß wir uns auf einem ansteigenden Ast des Weltradius als Funktion der Zeit befinden – noch vor dem möglichen Maximum zum Zeitpunkt einer Bewegungsumkehr (Kontraktion statt Expansion), falls diese stattfindet. Eine eindeutige Festlegung des Modells ließe sich erst dann erreichen, wenn die Materieverteilung im Kosmos genau bekannt wäre. Wir sehen nur die *leuchtende* Materie in Form von Galaxien und strahlenden Gaswolken. Die beobachtete Dynamik von Galaxienhaufen und Spiralgalaxien gibt jedoch Hinweise darauf, daß mindestens zehnmal mehr Materie vorhanden sein muß: Die sichtbaren Objekte könnten sich nicht so bewegen, wie sie es tatsächlich tun, wenn nicht weitere unsichtbare Massen mit ihnen über die anziehende Kraft des Schwerefeldes wechselwirkten. Diese unbekannte, unsichtbare Materie wird „Dunkelmaterie" genannt. Woraus sie bestehen könnte, wird gegenwärtig wissenschaftlich heftig diskutiert.

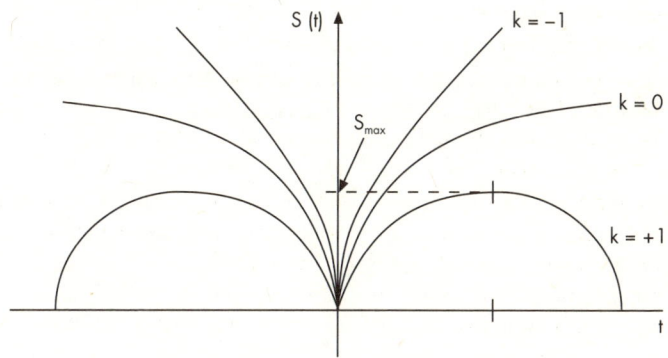

Abb. 9: Friedman-Modelle. S(t) bezeichnet den sog. Weltradius; der Parameter k unterscheidet dreidimensionale Räume konstanter positiver (k = +1), negativer (k = −1) bzw. verschwindender Krümmung (k = 0).

12.4 Ausblick

Ein wichtiges ungelöstes Problem der Kosmologie ist das der Strukturbildung, also der Bildung der Galaxien, Haufen von Galaxien und der weiteren beobachteten Überstruktur aus der angenommenen gleichförmigen Verteilung der Materie beim Urknall im Standardmodell. Der Frühzustand des Kosmos, mit dem sich die theoretische Forschung intensiv befaßt, ist weitgehend unbekannt und empirisch kaum zugänglich. Daher schäumen waghalsige Extrapolationen und Spekulationen aller Art über. Angesichts der riesigen räumlichen und zeitlichen Ausdehnung des Kosmos und der erst wenigen Jahrzehnte wissenschaftlicher Kosmologie sollten wir bescheiden bleiben. Was kann eine Coli-Bakterie in unserem Darm schon von der Welt wissen? Sind wir im Vergleich zum Kosmos mehr als ein solches Lebewesen? Ertragen wir doch, daß nicht alle Rätsel der Welt während unserer Lebenszeit gelöst sein werden, und versuchen wir nicht, die mühsame Methode des Abgleichs von Theorien mit der messenden Erfahrung durch fantasievolle mathematische Kopfarbeit zu umgehen! Die Einsteinschen Theorien mit ihrem kunstvollen Gewebe aus *relativ* und *absolut* enthalten auch ohne tollkühne Spekulation genügend viel mathematische Struktur und begriffliche Neuheit zu ernsthafter wie vergnüglicher Beschäftigung.

13. Symbole und Abkürzungen

- $\sim$: proportional
- $\simeq$: ungefähr gleich
- $\neq$: ungleich
- $\leq$: kleiner oder gleich
- $\ll$: klein gegen
- $\geq$: größer oder gleich
- $\gg$: groß gegen
- $\sqrt{x}$: Wurzel aus x; $\sqrt{x} \cdot \sqrt{x} = x$; $x^{1/2} = \sqrt{x}$
- $|x|$: Betrag von x; $|x| = x$, wenn $x > 0$, $|x| = -x$, wenn $x < 0$
- Δx : Differenz von zwei x-Werten; oft als kleine Größe verstanden
- $\frac{\Delta x}{x}$: Relative Änderung von x
- d : Euklidisches Abstandsmaß
- D : Minkowskisches Abstandsmaß
- $\overline{D}$: Riemannsches Abstandsmaß
- $M_\odot$: Sonnenmasse.

Ableitung : Ist y = f(x) eine als Kurve in der x-y-Ebene dargestellte Funktion, so bedeutet ihre „Ableitung" $\frac{df(x)}{dx}$ die Funktion, welche die *Steigung* der Kurve an jedem Punkt angibt.

14. Mathematischer Anhang

Zu 1.1 – Abstandsmaß

Die Forderungen für die Definition des Abstandes zwischen zwei durch die Koordinatenvektoren **x** und **y** bezeichneten Punkten sind:

$d(\mathbf{x}, \mathbf{y}) \geq 0$; $d(\mathbf{x}, \mathbf{y}) = 0$ dann und nur dann, wenn $\mathbf{x} = \mathbf{y}$;
$d(\mathbf{x}, \mathbf{y}) = d(\mathbf{y}, \mathbf{x})$; $d(\mathbf{x}, \mathbf{y}) + d(\mathbf{y}, \mathbf{z}) \geq d(\mathbf{x}, \mathbf{z})$.

Das Euklidische Abstandsmaß $d^2 = x^2 + y^2 + z^2$ lautet in der infinitesimalen Form $(\Delta d)^2 = 1 \cdot (\Delta x)^2 + 1 \cdot (\Delta y)^2 + 1 \cdot (\Delta z)^2$ mit den metrischen Komponenten 1, 1, 1.

Zu 1.4 – Inertialzeit

Die Transformation $t \to t' = f(t)$ führt auf

$$\frac{d\mathbf{x}}{dt} = \frac{df}{dt}\frac{d\mathbf{x}}{dt'}; \frac{d^2\mathbf{x}}{dt^2} = \frac{d^2f}{dt^2}\frac{d\mathbf{x}}{dt'} + (\frac{df}{dt})^2 \frac{d^2\mathbf{x}}{dt'^2}.$$

Setzen wir dies in die Newtonsche Bewegungsgleichung

$$m\frac{d^2\mathbf{x}}{dt^2} = \mathbf{F}$$

ein, so folgt

$$(\frac{df}{dt})^2 m \frac{d^2\mathbf{x}}{dt'^2} = [\mathbf{F} - m\frac{d^2f}{dt^2}\frac{d\mathbf{x}}{dt'}].$$

Das können wir so lesen, daß eine neue träge Masse $m(\frac{df}{dt})^2 = \bar{m}$ und eine neue Kraft $\bar{\mathbf{F}}$ definiert werden.

Zu 1.4 – Gravitationskraft und Gravitationspotential

Die Newtonsche Gravitationskraft lautet: $\mathbf{F} = -G\frac{m_1 m_2 (\mathbf{x}_1 - \mathbf{x}_2)}{|\mathbf{x}_1 - \mathbf{x}_2|^3}$.

Dabei sind m_1, m_2 die Massen, G die Newtonsche Gravitationskonstante, $\mathbf{x}_1$, $\mathbf{x}_2$ die Ortsvektoren der Körper.

Wenn m_2 die felderzeugende Masse ist und m_1 die Masse, an der das Feld angreift, so ist das Gravitationspotential gegeben durch:

$$\Phi = -G\frac{m_2}{|\mathbf{x}_1 - \mathbf{x}_2|}.$$

Die Kraft folgt durch Bildung des Gradienten:

$$\mathbf{F} = -m_1 \nabla \Phi.$$

Der Energie-Erhaltungssatz hat die Form:
$$1/2m \left(\frac{d\mathbf{x}}{dt}\right)^2 + \Phi(\mathbf{x}) = E_0,$$
wenn $\Phi(\mathbf{x})$ das Potential und E_0 die konstante Gesamtenergie sind.

Zu 2 – Galilei-Gruppe

Die Galilei-Gruppe setzt sich aus folgenden Transformationen zusammen:
$\mathbf{x}' = \mathbf{x} - \mathbf{v}t$,
$\mathbf{x}' = \mathbf{R}\mathbf{x} + \mathbf{b}$ mit der orthogonalen Drehmatrix $\mathbf{R}$,
$t' = t + a$,
Die *spezielle* Galilei-Transformation ist gegeben durch:
$\mathbf{x}' = \mathbf{x} - \mathbf{v}t$, $t' = t$.

Zu 2 – Lorentz-Gruppe

Die spezielle Lorentz-Transformation lautet:
$ct' = \gamma(v)[ct - \frac{v}{c} x]$,
$x' = \gamma(v)[x - vt]$,
$y' = y$,
$z' = z$
mit $\gamma := (1 - v^2/c^2)^{-1/2}$.

Zu 2.2 – Additionstheorem der Geschwindigkeit

Wir schreiben die Lorentz-Transformation für zeitliche und räumliche Änderungen an:
$$c\Delta t' = \gamma[c \,\Delta t - \frac{v}{c} \Delta x]$$
$$\Delta x' = \gamma[\Delta x - v \,\Delta t]$$
und dividieren die beiden Ausdrücke durcheinander

$$\frac{\Delta x'}{\Delta t'} = \frac{\frac{\Delta x}{\Delta t} - v}{1 - \frac{v}{c^2} \frac{\Delta x}{\Delta t}}$$

Setzen wir $\frac{\Delta x}{\Delta t} = c$ ein, so folgt auch $\frac{\Delta x'}{\Delta t'} = c$.

Längenkontraktion:
$$\Delta x'|_{\Delta t'=0} = \gamma[\Delta x - v\Delta t]$$
$$\Delta t' = \gamma[\Delta t - \tfrac{v}{c^2}\Delta x] = 0.$$
Setzen wir die aus der zweiten Gleichung folgende Beziehung
$$\Delta t = \tfrac{v}{c^2}\Delta x$$
in die erste Gleichung ein, so ergibt sich
$$\Delta x'|_{\Delta t'=0} = \gamma^{-1}\Delta x < \Delta x.$$

Zeitdilatation:
$$\Delta t'|_{\Delta x=0} = \gamma\Delta t > \Delta t, \quad (\Delta x' = -\gamma v\,\Delta t).$$

Zu 4.2 – Dopplereffekt

Aus $v' = v\sqrt{\frac{1+v/c}{1-v/c}}$ folgt für die Wellenlänge λ mit $\lambda \cdot v = c$ nach Entwickeln der Wurzel $\lambda' \simeq \lambda\,(1 + v/c)$. Der transversale Dopplereffekt berechnet sich zu $v' = \gamma v$.

Zu 6.1 – Impuls und Massenschale

Schreiben wir Impuls und Energie in der Form
$\mathbf{p} = m(0)\,\gamma\mathbf{v}$, $E = m(0)\,\gamma c^2$, so folgt
$$E^2/c^2 - \mathbf{p}\cdot\mathbf{p} = m(0)^2\,c^2.$$

Zu 7.2 – Das Potential von Schwere und Trägheit

Wenn der Raum-Zeit-Abstand durch
$$\overline{D} = g_{\alpha\beta}dx^\alpha dx^\beta$$
gegeben ist, so berechnet sich das Christoffel-Symbol als
$$\Gamma^\gamma_{\alpha\beta} = (1/2)g^{\gamma\sigma}\left[\tfrac{\partial g_{\sigma\alpha}}{\partial x^\beta} + \tfrac{\partial g_{\sigma\beta}}{\partial x^\alpha} - \tfrac{\partial g_{\alpha\beta}}{\partial x^\sigma}\right].$$
Dabei ist $g^{\alpha\beta}$ die inverse Matrix zu $g_{\alpha\beta}$ und wir haben die Einsteinsche Summationskonvention benutzt: doppelt auftretende obere und untere Indizes sind über ihren ganzen Wertebereich 0, 1, 2, 3 zu summieren.

Zu 8.1 – Verallgemeinerung der Minkowski-Metrik

Die Zeitdilatation ist durch den Ausdruck $\Delta t' = (1 - v^2/c^2)^{-1/2}\,\Delta t$ gegeben. Denken wir uns eine Uhr als Massenpunkt mit Masse m, die im Schwerefeld eines anderen Körpers mit Masse M frei fällt. Nach dem Energie-Erhaltungssatz gilt $(1/2)\,mv^2 - GmMr^{-1} = 0$. (Wenn r sehr groß ist, soll die Geschwindigkeit v gegen Null gehen.) Auflösen nach der Geschwindigkeit v und einsetzen in den Ausdruck für die Zeitdilatation ergibt $\Delta t' = (1 - \frac{2MG}{c^2 r})^{-1/2} \Delta t$ oder, bis zu Termen von der Größenordnung $MG/c^2 r$, $\Delta t' \simeq (1 + \frac{MG}{c^2 r})\Delta t$. Diese Herleitung ist als „Eselsbrücke" gedacht: aus einer Formel der Speziellen Relativitätstheorie wird mit der Newtonschen Form des Energieerhaltungssatzes eine allgemein-relativistische Beziehung gewonnen. Aber das Resultat stimmt!

Zu 9.2 – Krümmung und Energie der Materie

Wenn $G_{\alpha\beta}$ die Einstein-Krümmung bezeichnet, $R_{\alpha\beta}$ die Ricci-Krümmung, die beide als symmetrische 4 × 4 Matrizen dargestellt werden, so gilt: $G_{\alpha\beta} = R_{\alpha\beta} - (1/2)R \cdot g_{\alpha\beta}$. Dabei sind R die Spur der Ricci-Krümmung $R = g^{\alpha\beta} R_{\alpha\beta}$ und $g_{\alpha\beta}$ die Komponenten der Riemannschen Metrik. $g^{\alpha\beta}$ ist die zu $g_{\alpha\beta}$ inverse 4 × 4-Matrix. Die Ricci-Krümmung kann mittels des vorher definierten Christoffel-Symbols berechnet werden: $R_{\alpha\beta} = \Gamma^\sigma_{\beta\sigma,\alpha} - \Gamma^\sigma_{\sigma\beta,\sigma} + \Gamma^\mu_{\sigma\alpha}\Gamma^\sigma_{\beta\mu} - \Gamma^\sigma_{\alpha\beta}\Gamma^\rho_{\sigma\rho}$.

Zu 12.3 – Friedman-Gleichungen und Hubble-Parameter

Aus den Einsteinschen Feldgleichungen folgen für das kosmologische Standardmodell die Friedman-Gleichungen

$$(\frac{\dot{S}}{S})^2 + \frac{c^2 k}{S^2} = \frac{8\pi G}{3c^2} \cdot \mu \tag{2}$$

$$2\frac{\ddot{S}}{S} + (\frac{\dot{S}}{S})^2 + \frac{c^2 k}{S^2} = -\frac{8\pi G}{c^2} \cdot p \tag{3}$$

wenn μ die Energiedichte und p der Druck der Materie sind und $\dot{S} = \frac{dS}{dt}$.

Der Hubble-Parameter ist durch $H = \frac{\dot{S}}{cS}$ definiert.

15. Weiterführende Literatur

Zum gesamten Inhalt:

Hubert Goenner: *Einführung in die Spezielle und Allgemeine Relativitätstheorie.* Heidelberg : Spektrum Akademischer Verlag 1996.
Wolfgang Rindler: *Essential Relativity.* Zweite Auflage. Heidelberg: Springer 1977.

Zu Kapitel 1.2:

Klaus Mainzer: *Zeit.* C. H. Beck-Wissen, München: C. H. Beck 1996.

Zu den Kapiteln 2–5:

A. P. French: *Die spezielle Relativitätstheorie.* M. I. T. Einführungskurs Physik. Braunschweig: Vieweg 1971.

Zu Kapitel 6:

Roman Sexl und Helmuth Urbantke: *Relativität, Gruppen und Teilchen.* Zweite Auflage. Wien: Springer 1982.
(zum Theorien-Reduktionismus) Erhard Scheibe: *Die Reduktion physikalischer Theorien.* Teil 1. Heidelberg: Springer 1996.

Zu Kapitel 9.2:

Jürgen Renn und Tilmann Sauer, Einsteins Züricher Notizbuch, in: *Physikalische Blätter* 52, 865–872 (1996).

Zu Kapitel 10.2:

Jürgen Renn, Tilman Sauer and John Stachel, Einstein found gravitational lensing before general relativity, *Science* 275,184–186 (1997).

Zu Kapitel 12.1:

Alan P. Boss, Extrasolar Planets, *Physics Today* 49, 32–38 (1996).
Dava Sobel: „Among Planets", in: *The New Yorker,* Dec. 9, 1996, p. 84–90.

Zu Kapitel 12:

M. Berry: *Kosmologie und Gravitation,* Teubner Studienbücher, Stuttgart 1990.
Andreas Burkert und Rudolf Kippenhahn: *Die Milchstraße.* C. H. Beck-Wissen, München: C. H. Beck 1996.
Hubert Goenner: *Einführung in die Kosmologie.* Heidelberg: Spektrum Akademischer Verlag 1994.

16. Register

Aberration 42, 48
Abstandsfunktion 12
　Euklidische - 12, 51
　im Minkowski-Raum 51 f.
Abstandsmaß 10 ff., 83, 102
　Euklidisches - 12, 101 f.
　Minkowskisches - 58, 60 f., 101
　Riemannsches - 58, 101
Abweichung, geodätische 69
Additionsgesetz 29
Additionstheorem 103
Äquivalenzprinzip 21, 27, 56, 69, 72
Äther 10, 26, 83
Aristoteles 9
Augustinus 14
Ausdehnung 10 ff.
Autoparallele 68

Bachem, Albert 73
Bernstein's Naturwissenschaftliche Volksbücher 83
Binärpulsar 85
Bradley, James 42

Cavendish, Henry 79
Chatwin, Bruce 16
Christoffel, Elwin Bruno 59
Christoffel-Symbol 59, 104 f.
Clifford, William K. 63

Döblin, Alfred 29
Delta-Chepheiden 89 f., 92
Descartes, René 10
Doppler, Christian 41
Dopplereffekt 40 ff., 46 ff., 73, 92, 104
Dunkelmaterie 78, 98

Einstein, Albert 26 f., 43, 45, 47 f., 54, 56, 60, 62 f., 70 f., 73, 75, 77, 79, 84

Einstein-Krümmung 70, 105
Einstein-Ring 75
Einsteinsche Feldgleichungen 69 ff.
Elementeverteilung 92
Energie 22, 43 f., 69 f.
Epoche 96
Erhaltungssätze 22, 45, 103 ff.
Euklidische Geometrie 12, 63, 65

Feld 19, 21, 54 ff., 61, 63, 67 ff., 102
Friedländer, Benedict und Immanuel 62
Friedman, Alexandrej 96
Friedman-Modell 99, 105

Galilei, Galileo 25
Galilei-Gruppe 25, 103
Galilei-Transformation 28 f.
Gauß, Carl Friedrich 65
Geodäten 68 f.
Geoid 21
Gleichzeitigkeit 33 ff.
Gleichzeitigkeits-Raum 52, 66
GPS-System 48
Gravitationsrotverschiebung 46, 48, 72
Gravitationskonstante, Newtonsche 70, 102
Gravitationslinsen 75
Gravitationspotential 21, 58 f., 60, 62 ff., 102
Gravitationswellen 12, 70, 82 ff.
Gravitonen 86
Grebe, Leonhard 73
Großmann, Marcel 62

Hafele, Joseph C. 46
Häufigkeitsverteilung der chemischen Elemente 92
Helligkeit, scheinbare 89
Hertz, Heinrich 92

Hilbert, David 70
Hintergrundstrahlung, kosmische 91 f.
Hubble, Edwin Powell 92
Hubble-Fluß 12, 92, 96
Hubble-Parameter 96, 98, 105
Impuls 20, 22, 104
Inertialbasis 15, 20
Inertialsystem 15 f., 25 ff., 32, 43, 56
Inertialzeit 15, 17, 20, 25, 53, 102

Kant, Immanuel 63
Kausalitätsprinzip 36 f.
Keating, R. E. 46
Kepler, Johannes 20 f., 76
Keplersche Gesetze 76
Kernspaltung 44
Koordinaten 11 f., 23, 50, 53, 58, 63
  kartesische - 11
Kosmologische Konstante 71
Kosmologisches Prinzip 94
Kosmos 54, 57 ff., 87 ff., 94 ff., 98
Kraft 17, 19, 72, 102
Krümmung 65 ff., 96 f.
  äußere - 65 f.
  innere - 65 f.
Krümmungstensor 63 f., 67

Längenkontraktion 38, 42 f.,
Laplace, Pierre Simon 79
Laufzeiteffekt 11, 75
Leavitt, Henrietta 89
Leibniz, Gottfried Wilhelm 9, 13
Lemaître, Georges 96
Leuchtkraft 89, 92
Lichtablenkung 72 ff., 79
lichtartig 51
Lichtgeschwindigkeit 13, 27, 34, 37, 43 f. s.a. Vakuum-Lichtgeschwindigkeit
Lichtkegel 30 f., 51 f., 90
Lichtkugel 36, 51
Lokale Gruppe 91 f.

Lorentz, Hendrik Antoon 28
Lorentz-Gruppe 103
Lorentz-Transformation 28 f., 31 f., 36, 43, 48, 54, 103

Mach, Ernst 24 f., 57 f., 62, 70
Machsches Prinzip 57 f.
magnetische Monopole 54
Masse
  schwere - 18 f., 20, 57, 69
  träge - 18 ff., 42 f., 47, 54, 69
Massendefekt 44
Massenschale 54, 104
Maxwell, James Clerk 54
Merkurperiheldrehung 72, 76 f.
Meter 13
Metrik 12
Michel, John 79
Michelson, Albert A. 26
Minkowski, Hermann 50, 52, 54, 62
Minkowski-Metrik 60 ff, 64, 104
Minkowski-Raum 51 ff., 97
More, Henry 50
Morley, Edward W. 26

Neutronensterne 80 f.
Newton, Isaak 13, 20 f., 25, 27, 36 f., 43, 52, 56, 62, 79, 104
Newtonsche Mechanik 15, 17, 19 ff., 23 f., 34, 53, 68
Newtonsches Gravitationsgesetz 60, 69 f., 72, 75 f., 78 f., 102

Perihel 76 f.
Planck, Max 13, 69
Planck-Länge 13, 71
Planck-Zeit 14
Potential 21 f., 70
Pulsare 81 f., 85
Pythagoras 12

Raum-Zeit 10, 27, 50 ff., 59 f., 62 ff., 67, 69, 81, 83, 87, 104

Raum-Zeit-Diagramm 29 f., 32, 52
raumartig 51
Raumbegriff 4
Relativbewegung 23
Relativitätsprinzip 23 ff., 58
Retardierung 28
Ricci-Krümmung 69 f., 105
Riemann, Bernhard 62 f., 67
Riemannsche Metrik 58, 62 ff., 68, 71, 105
Ruhlänge 38, 43
Ruhmasse 43 ff., 47, 51, 53 f., 88
Ruhsystem 47, 96

Schwarze Löcher 11, 78 f., 81 f.
Schwarzschild, Karl 72
Schwerkraft 18, 20 f., 56, 64, 72, 75, 79 ff., 83
Standardmodell 95, 105
Synchronisierung 35
Synchrotron-Strahlung 47

Tachyonen 37
Trägheitskräfte 20 f., 24, 58, 61

Uhren 16 f., 19 f., 33 ff., 39, 43, 46, 60 f., 68, 72
Uhrensynchronisation 28, 35 f., 39, 53
Urknall 98

Vakuum 10, 26 f., 70
Vakuum-Lichtgeschwindigkeit 11, 29, 37, 41, 61
Voigt, Woldemar 28

Weiße Zwerge 80 ff.
Weltalter 95
Weltradius 96, 98 f.,

zeitartig 52
Zeitdilatation 28, 38 ff., 46 f., 104
Zeitmaß 13
Zwillingsparadoxon 40, 42
Zöllner, Johann C. F. 50

Naturwissenschaftsphilosophie bei C. H. Beck

Karen Gloy
Das Verständnis der Natur
Band 1: *Die Geschichte des wissenschaftlichen Denkens*
1995. 354 Seiten. Leinen
Band 2: *Die Geschichte des ganzheitlichen Denkens*
1996. 274 Seiten. Leinen

Peter Janich
Die Grenzen der Naturwissenschaft
Erkennen als Handeln
1992. 241 Seiten mit 4 Abbildungen. Paperback
(Beck'sche Reihe Band 463)

Peter Janich
Kleine Philosophie der Naturwissenschaften
1997. 207 Seiten mit 2 Abbildungen. Paperback
(Beck'sche Reihe Band 1203)

Gernot Böhme/Hartmut Böhme
Feuer, Wasser, Erde, Luft
Eine Kulturgeschichte der Elemente
1996. 344 Seiten mit 47 Abbildungen. Leinen
(Kulturgeschichte der Natur in Einzeldarstellungen)

Johannes Kepler
Gesammelte Werke
Im Auftrag der Deutschen Forschungsgemeinschaft
und der Bayerischen Akademie der Wissenschaften
herausgegeben von der Kepler-Kommission
der Bayerischen Akademie der Wissenschaften
In 22 Bänden. Die Bände 1–20/1 sind bereits erschienen,
die Bände 20/2–22 sind in Vorbereitung,
die Bände 5, 8, 9, 14 und 15 sind vergriffen.
Broschiert/Halbpergament
(Die Bände 1, 2, 10 und 17 nur noch broschiert lieferbar)

Verlag C. H. Beck München

Naturwissenschaftler bei C. H. Beck

Karl von Meÿenn (Hrsg.)
Die großen Physiker
Band 1: Von Aristoteles bis Kelvin
1997. 562 Seiten mit 37 Abbildungen. Leinen
Band 2: Von Maxwell bis Gell-Mann
1997. 528 Seiten mit 36 Abbildungen. Leinen

Klaus Fischer
Galileo Galilei
1983. 239 Seiten mit 6 Abbildungen. Paperback
(Beck'sche Reihe Band 504 – „Reihe Denker"
Herausgegeben von Otfried Höffe)

Ivo Schneider
Isaac Newton
1988. 194 Seiten mit 11 Abbildungen. Paperback
(Beck'sche Reihe Band 514 – „Reihe Denker"
Herausgegeben von Otfried Höffe)

Gerit von Leitner
Der Fall Clara Immerwahr
Leben für eine humane Wissenschaft
2., durchgesehene und verbesserte Auflage. 1995. 236 Seiten
mit 29 Abbildungen. Leinen

Wolfgang Röd
Descartes
Die Genese des Cartesianischen Rationalismus
3., ergänzte Auflage. 1995. 221 Seiten. Broschiert

Gernot Böhme (Hrsg.)
Klassiker der Naturphilosophie
Von den Vorsokratikern bis zur Kopenhagener Schule
1989. 458 Seiten mit 4 Abbildungen und 24 Porträtabbildungen. Leinen

Verlag C. H. Beck München